BRÈVE HISTOIRE DE LA MÉDECINE

De l'Antiquité aux Avancées Modernes

BRÈVE HISTOIRE DE LA MÉDECINE

De l'Antiquité aux Avancées Modernes

DR SOPHIE DOMINGUES-MONTANARI

Table des Matières

Chapitre 8 : Les Figures Emblématiques de la Médecine..... 217

Prologue

Ce livre vous invite à un voyage captivant à travers le temps, à la découverte de l'histoire de la médecine. Nous allons explorer les profondeurs de notre passé, révéler les merveilles de l'antiquité, et nous aventurer dans les méandres de la recherche médicale contemporaine. Mais avant de plonger dans ce voyage extraordinaire, prenons un moment pour contempler l'importance de la médecine dans notre propre histoire, notre quotidien, et notre avenir.

Au fil des siècles, l'humanité a tracé son chemin à travers les épreuves, les triomphes, et les mystères de la condition humaine. Au cœur de cette épopée, un fil conducteur s'est tissé : la médecine. De la préhistoire aux découvertes révolutionnaires de notre ère moderne, la médecine a toujours été le phare qui a guidé nos pas dans l'obscurité de la maladie, de la douleur et de la mort.

La médecine n'est pas seulement une discipline scientifique, c'est un miroir de notre humanité. Elle reflète nos craintes les plus profondes, nos espoirs les plus lumineux, et notre insatiable désir de comprendre et de maîtriser notre propre existence. Elle transcende les frontières géographiques et culturelles, reliant chaque être humain dans une quête universelle pour la santé, la guérison, et le bien-être.

Au-delà des faits et des découvertes, la médecine a également façonné nos sociétés, influençant la politique, l'éthique, et même la philosophie. Elle a engendré des miracles médicaux, mais a également suscité des questions éthiques complexes. Elle a permis de sauver d'innombrables vies, mais a aussi posé des défis liés à l'accès aux soins et à l'équité en matière de santé.

Ce livre est un hommage à la persévérance de l'humanité, à sa soif de connaissance, et à son dévouement à la santé et à la guérison. Il offre un regard fascinant sur notre histoire commune, sur les progrès incommensurables que nous avons accomplis, et sur les défis passionnants qui nous attendent dans le domaine de la médecine. Alors, préparez-vous à vous plonger dans cette aventure extraordinaire à travers l'histoire de la médecine, une histoire qui est aussi la nôtre.

Introduction

La Médecine dans l'Histoire de l'Humanité

L'histoire de la médecine est profondément enracinée dans l'histoire de l'humanité, et son importance est indéniable. La médecine a façonné notre parcours en tant qu'espèce depuis nos débuts les plus reculés, et elle continue de jouer un rôle central dans nos vies aujourd'hui. Voici pourquoi la médecine est si cruciale dans l'histoire de l'humanité :

1. **La Quête de la Survie :** Dès les premiers jours de l'humanité, la survie était la principale préoccupation. La médecine primitive, basée sur l'observation et l'expérimentation, était essentielle pour traiter les blessures, les infections et les maladies. Les connaissances médicales initiales ont été acquises par essais et erreurs, et elles étaient souvent imprégnées de croyances mystiques et religieuses.

2. **L'Évolution des Connaissances :** Au fur et à mesure que les sociétés humaines se sont développées, les connaissances médicales se sont également développées. Des civilisations anciennes comme l'Égypte, la Grèce et la Chine ont apporté d'importantes contributions à la médecine. Les premiers médecins et guérisseurs ont commencé à comprendre l'anatomie, à développer des remèdes à base de plantes et à explorer la relation entre l'environnement et la santé.

3. **L'Amélioration de la Qualité de Vie :** La médecine a amélioré la qualité de vie humaine de manière significative. Au fil des siècles, elle a permis de lutter contre les épidémies, de réduire la mortalité infantile, d'augmenter l'espérance de vie et de soulager la

douleur et la souffrance. Les avancées médicales ont transformé notre façon de vivre et de voir le monde.

4. **La Compréhension de la Maladie :** La médecine a joué un rôle essentiel dans la compréhension des maladies et de leur origine. Des révolutions scientifiques telles que la découverte des micro-organismes par Louis Pasteur et Robert Koch ont révolutionné notre compréhension des maladies infectieuses, ouvrant la voie à des mesures de prévention et de traitement efficaces.

5. **L'Évolution de la Chirurgie :** Des interventions chirurgicales de plus en plus sophistiquées ont permis de sauver des vies et de traiter des affections autrefois considérées comme incurables. L'anesthésie, l'asepsie et les techniques modernes ont considérablement amélioré le domaine chirurgical.

6. **La Promotion de la Recherche et de l'Innovation :** La médecine a toujours encouragé la recherche, l'innovation et la curiosité intellectuelle. Des pionniers médicaux tels que Hippocrate, Avicenne, Marie Curie et bien d'autres ont repoussé les limites de notre compréhension et ont ouvert de nouvelles voies de recherche.

7. **L'Éthique Médicale :** Des principes tels que la bienfaisance, la non-malfaisance, l'autonomie du patient et la justice guident la pratique médicale et s'appliquent à des questions éthiques complexes telles que la fin de vie, la recherche sur les cellules souches et la génétique.

8. **Les Défis Actuels :** La médecine continue d'être au cœur des défis contemporains tels que les pandémies, les inégalités en matière de santé, le coût des soins de santé et l'accès à des traitements de pointe. Les avancées médicales modernes, telles que la médecine

de précision et les thérapies géniques, ouvrent également de nouvelles perspectives et posent de nouvelles questions éthiques.

Ainsi, la médecine a joué un rôle fondamental dans l'histoire de l'humanité en améliorant notre compréhension de la santé, en prolongeant nos vies et en nous permettant de surmonter des défis médicaux complexes. Elle continue d'être un domaine en constante évolution, prête à relever les défis futurs pour le bien-être de l'humanité. Ce livre vous emmènera dans un voyage à travers le temps pour explorer en détail les moments clés de cette histoire fascinante.

Les Principaux Thèmes Couverts dans le Livre

Voici les principaux thèmes et périodes qui seront couverts dans ce livre, afin de vous donner un aperçu de ce qui vous attend au fil des chapitres à venir.

- **Les Origines de la Médecine :** Découvrez les premières formes de soins et de croyances médicales dans l'antiquité préhistorique, ainsi que les débuts de la médecine structurée en Égypte, en Grèce, en Chine, en Inde, et les pratiques médicales des peuples autochtones.

- **L'Antiquité à l'ère médiévale :** Plongez dans la médecine romaine, l'âge d'or de la médecine islamique, les avancées médiévales en Europe, les conséquences de la peste noire, et l'émergence de la profession médicale avec les premières universités.

- **La Renaissance et l'Âge des Lumières :** Explorez la redécouverte des textes antiques, la révolution scientifique, l'anatomie, la naissance de la chirurgie moderne, l'influence de la philosophie des Lumières et l'expansion des connaissances médicales à travers le monde.

- **Le XIXe Siècle : L'Ère de la Médecine Moderne :** Plongez dans les avancées dans la compréhension des maladies et de la microbiologie, l'essor de la chirurgie, de l'anesthésie et de l'hygiène, la naissance de la médecine clinique, et l'influence des théories sur la santé mentale, ainsi que les débuts de la médecine moderne dans diverses régions du monde.

- **Le XXe Siècle : L'Ère de la Médecine Révolutionnaire :** Découvrez les avancées en immunologie, en génétique, en radiologie et imagerie médicale, les découvertes majeures en médicaments et vaccins, l'impact des guerres mondiales sur la médecine, ainsi que le développement de la médecine alternative et complémentaire.

- **La Médecine Contemporaine :** Explorez les avancées en médecine moléculaire, en génomique, en médecine de précision, les défis éthiques modernes, l'impact de la mondialisation et de la technologie sur la médecine, et plongez dans les tendances futures et les défis à relever.

- **Les Inventions qui ont Redéfini la Médecine :** Explorez les inventions ont apporté des avancées majeures dans le domaine médical et ont généralement amélioré les soins de santé, le diagnostic, le traitement ou la recherche médicale.

- **Les Figures Emblématiques de la Médecine :** Consultez un résumé des figures les plus emblématiques de la médecine au fil du temps, qui ont apporté des contributions significatives à l'avancement de la science médicale et à l'amélioration des soins de santé.

- **20 Questions Clés Révélées :** Découvrez des aspects fascinants de l'histoire de la médecine en 20 questions clés telles que l'origine du terme « médecine », quand a eu lieu la première greffe d'organe, les premiers hôpitaux jamais créés, et bien plus encore.

Ce livre vous invite donc à un voyage passionnant à travers l'histoire de la médecine, offrant une compréhension approfondie de son évolution au fil des siècles et de son impact sur la société et la santé humaine.

Partie I. Évolution de la Médecine à Travers les Âges

Chapitre 1 : Les Origines de la Médecine

L'Antiquité Préhistorique : Les Premières Formes de Soins et de Croyances

L'Antiquité préhistorique nous plonge dans les profondeurs de l'histoire humaine, à une époque où nos ancêtres luttaient pour leur survie dans un monde encore sauvage et imprévisible. Cette période lointaine a été le berceau des premières formes de soins médicaux et de croyances qui ont posé les bases de la médecine moderne que nous connaissons aujourd'hui.

La Quête de la Survie et les Premières Pratiques de Soins

Dans un environnement hostile, les premiers hommes et femmes préhistoriques étaient confrontés à de nombreux dangers. Les blessures causées par la chasse, les accidents ou les conflits intertribaux étaient courantes, et la survie dépendait souvent de la capacité à traiter ces blessures et à lutter contre les maladies. C'est ainsi qu'ont émergé les premières pratiques de soins.

La Magie et les Croyances

Les sociétés préhistoriques avaient une vision du monde empreinte de magie et de croyances animistes. Ils pensaient que les maladies étaient causées par des esprits malveillants ou des forces surnaturelles. Les chamans et les guérisseurs, souvent des figures respectées dans leur communauté, jouaient un rôle crucial en utilisant des rituels et des incantations pour conjurer ces maux.

Les Plantes Médicinales

Les premiers humains ont rapidement compris que certaines plantes avaient des propriétés médicinales. Ils utilisaient des herbes, des racines et des écorces pour soulager la douleur, réduire l'inflammation ou traiter les infections. Les connaissances sur ces plantes médicinales étaient transmises de génération en génération.

La Chirurgie Primitive

Les premières interventions chirurgicales étaient rudimentaires mais nécessaires pour traiter les blessures graves. Les outils en pierre taillée étaient utilisés pour retirer des flèches ou des éclats d'os.

L'Évolution des Soins Médicaux

Au fil du temps, les connaissances médicales ont évolué à mesure que les sociétés préhistoriques se sont développées. Bien que fondées sur des croyances magiques, ces premières pratiques de soins ont posé les bases pour le développement ultérieur de la médecine.

La Continuité des Pratiques

Certaines des pratiques médicales préhistoriques, telles que l'utilisation de plantes médicinales, ont survécu et ont été incorporées dans les traditions médicales ultérieures. De nombreuses cultures du monde ont continué à utiliser des remèdes à base de plantes pour traiter divers maux.

Avec l'émergence des premières civilisations, comme les Égyptiens et les Sumériens, la médecine est devenue plus organisée. Des médecins spécialisés ont été formés, et des écrits médicaux ont commencé à être compilés. Cependant, les racines de la médecine préhistorique restaient présentes dans ces sociétés.

En conclusion, la magie, les plantes médicinales et la chirurgie primitive ont été des éléments essentiels de la médecine de cette époque, démontrant la perspicacité et la créativité des premiers êtres humains dans leur quête pour comprendre et traiter les maux qui les affligeaient.

Médecine Égyptienne : Les Débuts de la Médecine Structurée

Dans l'Égypte ancienne, sur les rives fertiles du Nil, émergeait une civilisation remarquable qui allait laisser une empreinte indélébile sur l'histoire de la médecine. Les Égyptiens étaient des pionniers dans le développement de la médecine structurée, jetant ainsi les bases de la médecine moderne que nous connaissons aujourd'hui.

Le Monde de l'Égypte Ancienne

Pour comprendre la médecine égyptienne, il est essentiel de se familiariser avec la société égyptienne de l'Antiquité. L'Égypte était une civilisation complexe, dont les habitants avaient des connaissances avancées en agriculture, en ingénierie et en sciences, y compris la médecine. La religion occupait une place centrale dans la vie des Égyptiens, et elle était étroitement liée à la médecine. Ils croyaient en un panthéon de dieux et en l'existence d'une vie après la mort. La santé était donc étroitement liée à la spiritualité, et les soins médicaux étaient souvent entrelacés avec des rituels religieux.

Les Pionniers Médicaux de l'Égypte Ancienne

Les Égyptiens ont été parmi les premiers à former des médecins spécialisés et à documenter leurs pratiques médicales. En effet, les médecins égyptiens étaient hautement respectés et formaient une profession distincte. Ils étaient souvent prêtres et pensaient que la guérison était liée à la volonté divine. Leur formation était rigoureuse, et ils maîtrisaient des connaissances avancées en anatomie, en physiologie et en pharmacologie. Par ailleurs, les Égyptiens ont laissé des traces de leurs connaissances médicales dans des documents écrits, tels que le papyrus d'Ebers et le papyrus d'Edwin Smith. Ces papyrus contiennent des informations détaillées sur les maladies, les symptômes, les traitements, les instruments médicaux et même des recettes pour des remèdes à base de plantes.

Les Pratiques Médicales Égyptiennes

La médecine égyptienne était caractérisée par une approche holistique de la santé, combinant des éléments scientifiques et spirituels. Voici quelques-unes de leurs pratiques médicales les plus remarquables :

La Médecine Préventive

Les Égyptiens attachaient une grande importance à la prévention des maladies. Ils croyaient en l'importance d'une alimentation équilibrée, de l'hygiène personnelle et de l'exercice physique pour maintenir la santé.

La Chirurgie Égyptienne

Les Égyptiens étaient également des pionniers de la chirurgie. Ils pratiquaient des interventions telles que la trépanation (ouverture du crâne), la chirurgie dentaire, et la réparation de fractures osseuses. Leurs compétences chirurgicales étaient remarquables pour l'époque.

La Pharmacologie

La médecine égyptienne faisait un usage intensif de plantes médicinales, d'onguents et de potions. Ils utilisaient des substances telles que l'opium, la mandragore et l'aloès pour traiter diverses affections.

Le Serment d'Hippocrate Égyptien

L'influence de la médecine égyptienne s'est étendue bien au-delà de ses frontières. Le serment d'Hippocrate, largement associé à la médecine grecque, avait en réalité des similitudes frappantes avec le serment d'Horus, un serment médical égyptien plus ancien. Les deux serments partageaient des principes éthiques essentiels pour les médecins, tels que le respect de la confidentialité, l'engagement envers le bien-être du patient et la pratique de la médecine avec intégrité.

L'Héritage de la Médecine Égyptienne

La médecine égyptienne a laissé un héritage durable qui a influencé le développement de la médecine dans le monde entier. Leur approche systématique de la médecine, leur engagement envers la recherche et leur dévouement éthique ont inspiré de nombreuses générations de médecins à travers les âges.

La Transmission des Connaissances

Les connaissances médicales égyptiennes ont été transmises à d'autres civilisations de l'Antiquité, telles que les Grecs, les Romains et les Perses. Ces cultures ont incorporé des éléments de la médecine égyptienne dans leurs propres pratiques médicales.

La Médecine Moderne et l'Égypte Ancienne

Aujourd'hui encore, des études égyptologiques continuent d'apporter des éclaircissements sur la médecine de l'Égypte ancienne. Les découvertes archéologiques et les recherches scientifiques permettent de mieux comprendre les pratiques médicales de cette époque.

En conclusion, la médecine égyptienne a ouvert la voie à une ère médicale organisée et scientifique. Les médecins égyptiens étaient des pionniers dans leur domaine, développant des compétences avancées en anatomie, en chirurgie et en pharmacologie. Leur approche holistique de la santé, associant science et spiritualité, a laissé un héritage durable qui a influencé la médecine à travers les âges.

Médecine Grecque : Hippocrate et la Naissance de la Médecine Scientifique

L'Antiquité grecque est une période extraordinaire dans l'histoire de la médecine, marquée par des avancées qui allaient jeter les bases de la médecine scientifique moderne. Au cœur de cette révolution médicale se trouve le nom d'Hippocrate, une figure légendaire considérée comme le père de la médecine occidentale.

La Grèce Antique : Un Berceau de Connaissances

La Grèce antique était une civilisation florissante qui s'est épanouie entre le VIIIe siècle avant J.-C. et le IVe siècle avant J.-C. Elle a produit des penseurs, des philosophes et des scientifiques dont l'influence perdure jusqu'à nos jours. C'est dans ce contexte fertile que la médecine grecque a vu le jour. Les Grecs de l'Antiquité étaient des adeptes de la philosophie et de la raison. Ils croyaient que le monde pouvait être compris par la pensée logique et l'observation attentive, ce qui a grandement contribué à l'évolution de la médecine vers une discipline scientifique.

Hippocrate : Le Père de la Médecine Moderne

Hippocrate, né vers 460 avant J.-C. sur l'île de Cos en Grèce, est une figure emblématique de la médecine grecque antique. Il est connu pour ses contributions fondamentales à la médecine et pour avoir formulé le célèbre Serment d'Hippocrate, un code éthique toujours respecté par les médecins du monde entier.

La Méthode Hippocratique

Hippocrate a introduit une approche systématique de la médecine basée sur l'observation clinique, la collecte de données, et la recherche. Il a rejeté les explications surnaturelles des maladies et a insisté sur le rôle des facteurs environnementaux et du mode de vie dans la santé.

Le Serment d'Hippocrate

Ce serment, prononcé par les médecins lors de leur entrée dans la profession, énonce des principes éthiques fondamentaux tels que le respect de la vie humaine, la confidentialité des informations médicales et l'engagement envers le bien-être du patient. Il a établi un cadre moral pour la pratique médicale.

Les Contributions de la Médecine Grecque Antique

La médecine grecque antique ne se résumait pas uniquement à Hippocrate. De nombreux autres médecins et penseurs grecs ont apporté des contributions essentielles à l'avancement de la médecine scientifique.

La Théorie des Humeurs

La théorie des humeurs était un concept central de la médecine grecque antique qui a eu une influence considérable sur la pratique médicale pendant des siècles. Elle était basée sur l'idée que la santé et la maladie dépendaient de l'équilibre ou du déséquilibre de quatre humeurs corporelles : le sang, la bile jaune, la bile noire et la phlegme. Voici une explication plus détaillée de cette théorie :

- **Le sang (Sanguis en latin) :** Dans cette théorie, le sang était associé à l'élément air et à la saison du printemps. Il était considéré comme chaud et humide. Un équilibre adéquat de sang dans le corps était censé favoriser la vitalité et la santé. Un excès de sang pouvait entraîner des caractéristiques comme l'optimisme excessif et la fièvre.

- **La bile jaune (Cholera en latin) :** La bile jaune était associée à l'élément feu et à la saison de l'été. Elle était considérée comme chaude et sèche. Un excès de bile jaune était pensé provoquer de la colère, de l'irritabilité et des troubles digestifs.

- **La bile noire (Melancholia en latin) :** La bile noire était associée à l'élément terre et à la saison de l'automne. Elle était considérée comme froide et sèche. Un excès de bile noire était supposé entraîner une mélancolie, une tristesse excessive et des problèmes digestifs.

- **La phlegme (Phlegma en latin) :** La phlegme était associée à l'élément eau et à la saison de l'hiver. Elle était considérée comme froide et humide. Un excès de phlegme était supposé causer de la léthargie, de la passivité et des problèmes respiratoires.

Selon la théorie des humeurs, la santé idéale était atteinte lorsque ces quatre humeurs étaient en équilibre harmonieux dans le corps. Tout déséquilibre, que ce soit par un excès ou une déficience de l'une des humeurs, était considéré comme une cause potentielle de maladie. Les médecins de l'Antiquité grecque cherchaient donc à rétablir l'équilibre en utilisant diverses méthodes, notamment des régimes alimentaires, des saignées, des purgations et des remèdes à base de plantes.

La Dissection Animale

Dans la Grèce antique, la dissection animale était une pratique courante parmi les médecins et les philosophes pour étudier l'anatomie et comprendre le fonctionnement du corps humain. Cette approche était fondamentale pour l'avancement des connaissances médicales à l'époque. Les médecins grecs croyaient que l'étude des animaux pouvait fournir des indications précieuses sur la structure et le fonctionnement du corps humain, car les organismes vivants partagent de nombreuses similitudes anatomiques et physiologiques.

La dissection animale permettait aux médecins grecs d'examiner de près les organes internes, les muscles, les os et les vaisseaux sanguins des animaux pour en apprendre davantage sur leur fonctionnement. En étudiant la structure des animaux, les médecins grecs ont pu identifier les similitudes et les différences avec le corps humain, ce qui leur a permis de mieux comprendre l'anatomie et de développer des traitements médicaux plus efficaces.

Cette pratique a jeté les bases de l'anatomie humaine en fournissant une connaissance approfondie de la structure du corps et de ses différentes parties. Les observations issues de la dissection animale ont été documentées dans des ouvrages médicaux et philosophiques, qui ont été transmis de génération en génération et ont influencé le développement ultérieur de la médecine.

La Bibliothèque d'Alexandrie

La bibliothèque d'Alexandrie, située en Égypte, était l'une des plus célèbres institutions intellectuelles de l'Antiquité. Fondée au IIIe siècle avant notre ère, elle servait de centre de recherche, d'éducation et de conservation du savoir dans divers domaines, y compris la médecine. La bibliothèque abritait une vaste collection de textes médicaux grecs et égyptiens, ce qui en faisait une ressource précieuse pour les médecins, les chercheurs et les étudiants de l'époque, qui pouvaient accéder à une variété de traités, de manuscrits et de documents médicaux, leur permettant d'étudier les théories médicales, les traitements et les pratiques de différentes cultures.

La bibliothèque d'Alexandrie a également servi de centre d'échange intellectuel, où les savants de différentes régions se rencontraient pour partager leurs connaissances et discuter de nouveaux développements dans le domaine de la médecine. Cela a favorisé un dialogue et une collaboration entre les médecins de différentes traditions médicales, contribuant ainsi à l'enrichissement et à l'évolution de la pratique médicale.

De plus, la bibliothèque d'Alexandrie a joué un rôle crucial dans la préservation du savoir médical de l'Antiquité. Grâce à ses vastes collections et à ses pratiques de conservation avancées, de nombreux textes médicaux ont été préservés pendant des siècles, permettant aux générations futures d'étudier et de s'inspirer des connaissances médicales anciennes.

L'Évolution de la Médecine Grecque

Les Écoles Méthodiques et Empiriques

Après la mort d'Hippocrate, la pratique médicale en Grèce antique a continué à évoluer de manière significative. De nouvelles écoles médicales ont émergé, chacune apportant ses propres perspectives et méthodes à la profession médicale.

L'une de ces écoles était l'école méthodique, fondée par Théophraste d'Eresos, un disciple d'Aristote. L'école méthodique prônait une approche systématique de la médecine, mettant l'accent sur l'observation clinique, la classification des maladies et l'utilisation de méthodes standardisées de diagnostic et de traitement. Les méthodes méthodiques étaient basées sur des principes rationnels et scientifiques, et ont contribué à formaliser davantage la pratique médicale.

Une autre école importante était l'école empirique, qui mettait l'accent sur l'expérience pratique et l'observation directe des patients. Les empiriques rejetaient souvent les théories abstraites et les spéculations philosophiques au profit d'une approche plus pragmatique de la médecine. Ils ont développé des traitements médicaux basés sur des observations empiriques et des remèdes traditionnels, et ont joué un rôle important dans la transmission et la préservation des connaissances médicales.

En outre, les médecins grecs de cette période ont continué à perfectionner les traitements médicaux et les instruments chirurgicaux. Ils ont exploré de nouvelles techniques chirurgicales, telles que la cautérisation et la ligature des vaisseaux sanguins, et ont amélioré les connaissances anatomiques grâce à la dissection animale et à l'étude des cadavres. Ces avancées ont permis d'améliorer les résultats des interventions chirurgicales et ont contribué à l'établissement de la médecine comme une discipline médicale professionnelle.

Le Débat Philosophique

Dans la Grèce antique, le débat philosophique était une pratique courante dans de nombreux domaines, y compris la médecine. Les médecins grecs étaient souvent des philosophes eux-mêmes ou étaient étroitement liés aux cercles philosophiques, ce qui les amenait à participer à des discussions sur la nature de la maladie, de la santé et de la médecine.

Ces débats philosophiques ont été stimulés par des questions fondamentales sur la vie, la mort, la souffrance et le bien-être, qui étaient au cœur de la réflexion philosophique de l'époque. Les médecins et les philosophes discutaient des causes des maladies, de la nature du corps humain et de la façon dont la santé pouvait être préservée ou restaurée.

Les débats philosophiques ont également porté sur des questions éthiques liées à la pratique médicale, telles que le rôle du médecin dans la société, le traitement des patients et les responsabilités morales des praticiens de la santé. Ces discussions ont contribué à façonner les normes éthiques de la médecine grecque antique et ont jeté les bases de la bioéthique moderne.

En outre, les débats philosophiques ont favorisé une approche critique de la médecine, encourageant les médecins à remettre en question les théories médicales établies et à explorer de nouvelles idées et concepts. Cela a conduit à des avancées significatives dans la compréhension de la maladie et du corps humain, ainsi qu'à des progrès dans les pratiques médicales.

Les Avancées en Pharmacologie

Les Grecs ont poursuivi les travaux initiés par les anciennes civilisations en explorant l'utilisation des plantes médicinales et des substances chimiques dans le traitement des maladies.

Les médecins et les herboristes grecs ont recueilli des connaissances empiriques sur les propriétés curatives des plantes et des minéraux. Ils ont documenté ces connaissances dans des ouvrages médicaux, tels que le "*Corpus Hippocraticum*", qui comprenait des descriptions détaillées des plantes médicinales et de leurs utilisations thérapeutiques.

Parmi les avancées notables en pharmacologie, les Grecs ont développé de nombreuses préparations médicinales à partir de plantes, de minéraux et d'autres substances naturelles. Par exemple, ils ont utilisé des extraits de plantes comme l'opium, la digitale et la mandragore dans le traitement de diverses affections, y compris la douleur, les troubles cardiaques et les affections neurologiques.

De plus, les Grecs ont perfectionné les techniques de préparation des médicaments, telles que la distillation et la macération, pour extraire les principes actifs des plantes médicinales. Ils ont également développé des formulations pharmaceutiques plus complexes, telles que les onguents, les sirops et les pilules, pour faciliter l'administration des médicaments.

Enfin, les Grecs ont établi des pratiques de pharmacie pour la préparation, le stockage et la distribution des médicaments. Ils ont créé des jardins de plantes médicinales, des pharmacies et des écoles de pharmacie pour former des praticiens dans l'art de la préparation des médicaments.

En conclusion, la médecine grecque antique, sous l'égide d'Hippocrate et d'autres médecins éminents, a marqué une révolution dans l'histoire de la médecine en introduisant une approche scientifique et éthique. Les bases de la médecine moderne, telles que l'observation clinique, la recherche et les principes éthiques, ont été posées en Grèce antique.

Médecine Chinoise et Indienne : Les Traditions Médicales Orientales

Tournons-nous maintenant vers les riches traditions médicales de l'Est, en Chine et en Inde. Ces civilisations anciennes ont développé des approches uniques de la médecine qui sont encore pratiquées et respectées de nos jours.

La Médecine Chinoise : Harmonie et Énergie Vitale

La médecine chinoise a une histoire vieille de milliers d'années et repose sur des principes fondamentaux qui diffèrent considérablement de ceux de la médecine occidentale. Au cœur de cette tradition se trouve le concept de Qi (prononcé "tchi"), l'énergie vitale qui anime chaque être vivant.

Le Yin et le Yang

L'un des principes clés de la médecine chinoise est la dualité du Yin et du Yang, représentant les forces opposées et complémentaires de l'univers. La santé est vue comme un équilibre entre ces forces, et les déséquilibres sont à l'origine des maladies.

L'Acupuncture

L'acupuncture est l'une des pratiques les plus emblématiques de la médecine chinoise. Elle consiste à insérer de fines aiguilles dans des points spécifiques du corps pour rétablir l'équilibre du Qi. Cette technique est largement utilisée pour soulager la douleur et traiter diverses affections.

La Médecine à Base de Plantes

La phytothérapie est un pilier de la médecine chinoise. Des milliers de plantes médicinales sont utilisées pour préparer des décoctions, des poudres et des pilules visant à corriger les déséquilibres du Qi.

La Médecine Indienne : Ayurveda et Harmonie avec la Nature

L'Inde a également une tradition médicale riche et diversifiée, dont l'une des plus anciennes est l'Ayurveda. Cette approche met l'accent sur l'harmonie entre l'individu, la nature et l'univers.

Les Doshas

L'Ayurveda repose sur une approche holistique de la santé et du bien-être. Au cœur de l'Ayurveda se trouve la théorie des doshas, qui sont les trois principes fondamentaux responsables de la physiologie et de la constitution corporelle de chaque individu. Voici une explication plus détaillée de cette théorie :

1. **Vata :** Vata est associé aux éléments air et éther (espace). Il représente les qualités de légèreté, de mobilité, de sécheresse et de froideur. Les personnes avec une prédominance de Vata ont tendance à être minces, agiles, créatives, mais elles sont également sujettes à des problèmes tels que la sécheresse de la peau, l'anxiété et la nervosité lorsque leur dosha Vata est déséquilibré.

2. **Pitta :** Pitta est associé aux éléments feu et eau. Il représente les qualités de chaleur, d'intensité, de transformation et de fluidité. Les individus Pitta sont souvent décrits comme ayant une constitution moyenne, une forte digestion et une grande énergie.

Cependant, un excès de Pitta peut entraîner des problèmes tels que l'irritabilité, l'indigestion et la sensibilité à la chaleur.

3. **Kapha :** Kapha est associé aux éléments eau et terre. Il représente les qualités de stabilité, de douceur, de lourdeur et de fraîcheur. Les personnes Kapha ont tendance à être bien bâties, calmes, patientes et émotionnellement stables. Un déséquilibre de Kapha peut entraîner une prise de poids, une léthargie et une congestion.

L'Alimentation et le Mode de Vie

Selon l'Ayurveda, chaque individu naît avec une constitution de base déterminée par la proportion de Vata, Pitta et Kapha dans son corps. Cette constitution, appelée "Prakriti", est considérée comme unique à chaque personne. L'état de santé optimal est atteint lorsque ces doshas sont équilibrés selon la constitution de chaque individu.

Cependant, des déséquilibres peuvent survenir en raison de divers facteurs tels que l'alimentation, le mode de vie, le stress et les changements saisonniers. L'Ayurveda recommande donc des modifications dans l'alimentation, le style de vie et des pratiques de bien-être spécifiques pour rétablir l'équilibre des doshas et favoriser la santé globale.

Les Plantes Médicinales et les Remèdes Naturels

Comme la médecine chinoise, l'Ayurveda utilise de nombreuses plantes médicinales pour traiter une variété de problèmes de santé. Des préparations à base de plantes, d'épices et d'huiles essentielles sont couramment utilisées.

Similitudes et Différences

La médecine chinoise et l'Ayurveda partagent certaines similitudes intéressantes. Les deux traditions accordent une grande importance à la prévention des maladies, à l'équilibre entre le corps et l'esprit, et à l'importance de l'harmonie avec l'environnement naturel.

L'Héritage Durable

Les traditions médicales chinoises et indiennes continuent d'avoir un impact profond sur la santé et la médecine d'aujourd'hui. De nombreuses personnes à travers le monde ont recours à des praticiens de la médecine chinoise ou de l'Ayurveda pour traiter un large éventail de problèmes de santé, des douleurs chroniques aux troubles digestifs.

Défis et Perspectives

Malgré leur longue histoire et leur efficacité perçue, la médecine chinoise et l'Ayurveda sont parfois confrontées à des défis. L'absence de preuves scientifiques solides pour étayer certaines pratiques et l'absence de réglementation peuvent susciter des préoccupations quant à la sécurité et à l'efficacité de certains traitements.

Cependant, il est important de reconnaître la valeur de ces traditions médicales en tant que compléments à la médecine occidentale moderne. De nombreuses personnes trouvent du soulagement et de l'équilibre grâce à ces approches, et la recherche continue à explorer leur potentiel bénéfique.

En conclusion, les traditions médicales chinoises et indiennes offrent une perspective fascinante sur la médecine qui diffère considérablement de l'approche occidentale. Basées sur des concepts tels que le Qi et les doshas, elles mettent l'accent sur l'équilibre, l'harmonie et la prévention des maladies.

Les Pratiques Médicales des Peuples Autochtones

Alors que nous explorons les racines de la médecine à travers l'histoire, nous ne pouvons ignorer l'incroyable richesse des pratiques médicales des peuples autochtones. Ces communautés ont développé des approches de guérison uniques qui sont profondément enracinées dans leur culture, leur environnement et leur sagesse ancestrale.

La Sagesse de la Terre et de la Nature

Les peuples autochtones du monde entier ont toujours eu une relation intime avec la nature et la terre qui les entoure. Leurs pratiques médicales sont profondément influencées par cette connexion spirituelle et environnementale.

La Médecine de la Nature

Les plantes, les minéraux et les ressources naturelles sont les piliers de la médecine autochtone. Les herbes médicinales, les baumes, les décoctions et les onguents sont utilisés pour traiter une multitude de maux.

La Spiritualité et la Guérison

Pour de nombreuses communautés autochtones, la guérison est un processus spirituel aussi bien que physique. Les rituels, les chants sacrés et les prières font partie intégrante de leurs pratiques médicales.

Les Guérisseurs et les Gardiens du Savoir

Au sein des communautés autochtones, il existe souvent des individus spécialement formés et investis du pouvoir de guérison. Ces guérisseurs, chamans ou aînés détiennent un savoir médical transmis de génération en génération.

Les Guérisseurs Traditionnels

Les guérisseurs autochtones ont souvent des connaissances spécialisées sur les plantes médicinales, les techniques de guérison et les rituels sacrés. Ils sont respectés pour leur sagesse et leur capacité à traiter un large éventail de maladies.

La Transmission du Savoir

Les connaissances médicales sont transmises verbalement et par l'expérience. Les jeunes membres de la communauté apprennent en observant et en assistant les aînés dans leurs pratiques médicales.

L'Approche Holistique de la Santé

Les peuples autochtones adoptent une approche holistique de la santé, considérant que le bien-être physique, mental, émotionnel et spirituel est intrinsèquement lié.

L'Équilibre et l'Harmonie

Pour ces communautés, la santé découle de l'équilibre et de l'harmonie avec la nature, les ancêtres et les esprits. Les déséquilibres peuvent entraîner des maladies physiques et mentales.

La Prévention des Maladies

La prévention est essentielle. Les peuples autochtones se nourrissent souvent de manière traditionnelle, pratiquent l'exercice physique régulier et suivent des rituels pour maintenir leur santé.

Défis et Adaptations

Les pratiques médicales des peuples autochtones ont souvent été confrontées à des défis liés à la colonisation, à la perte de territoires ancestraux et à la pression de la médecine occidentale. Malgré cela, de nombreuses communautés autochtones continuent de préserver et d'adapter leurs traditions médicales pour répondre aux besoins de leurs membres.

La Réconciliation Médicale

Dans de nombreuses régions, il existe des initiatives visant à intégrer les pratiques médicales autochtones avec la médecine occidentale, créant ainsi une approche de guérison complète.

La Protection des Connaissances Traditionnelles

Les peuples autochtones luttent pour protéger leurs connaissances médicales traditionnelles contre l'appropriation culturelle et pour garantir que ces pratiques restent accessibles à leurs communautés.

En conclusion, les pratiques médicales des peuples autochtones sont un trésor de sagesse ancestrale et de connexion profonde avec la nature. Leur compréhension holistique de la santé, leur spiritualité et leur respect de la terre offrent une perspective unique sur la guérison. Bien que confrontées à des défis importants, ces pratiques médicales continuent de jouer un rôle essentiel dans la préservation de la santé et de la culture des communautés autochtones à travers le monde.

Chapitre 2 : De l'Antiquité à l'Ère Médiévale

La Médecine Romaine et la Transmission du Savoir Médical

Alors que nous poursuivons notre exploration de l'histoire de la médecine, notre voyage nous emmène à l'époque de l'Antiquité, où la médecine romaine a laissé une empreinte durable sur la pratique médicale.

Les Contributions de la Médecine Romaine

L'Empire Romain : Un Berceau de Connaissances

L'Empire romain, qui a prospéré de 27 avant J.-C. à 476 après J.-C., était l'une des civilisations les plus influentes de l'Antiquité. A cette époque, la médecine a prospéré en tant que discipline académique et pratique.

Les Romains ont hérité et assimilé les connaissances médicales des Grecs, qui étaient considérés comme des pionniers dans le domaine de la médecine. Ils ont également emprunté des éléments à d'autres cultures médicales, notamment les Égyptiens, pour développer leur propre approche de la médecine.

L'Empire romain a vu l'émergence de nombreux médecins éminents, dont le plus célèbre est peut-être Galien, un médecin et anatomiste grec, qui a exercé une influence considérable sur la médecine romaine par ses travaux sur l'anatomie, la physiologie et la pharmacologie.

Les Romains ont également fait des progrès significatifs dans la pratique médicale, avec la création d'hôpitaux, de dispensaires et de centres de soins médicaux dans les grandes villes de l'Empire. Ces établissements ont joué un rôle crucial dans la prise en charge des malades et des blessés, ainsi que dans la formation des médecins.

En outre, l'Empire romain a favorisé l'échange d'idées et de connaissances médicales à travers ses vastes réseaux commerciaux et culturels. Les médecins romains voyageaient souvent à travers l'Empire pour étudier, enseigner et pratiquer la médecine, contribuant ainsi à la diffusion des connaissances médicales à travers les frontières de l'Empire.

L'Anatomie et la Dissection

Galien a réalisé des dissections animales pour mieux comprendre l'anatomie humaine. Ses observations et ses travaux ont permis d'acquérir des connaissances précieuses sur la structure du corps humain, notamment sur les muscles, les os, les organes internes et le système circulatoire.

Grâce à ses dissections, Galien a identifié de nombreuses structures anatomiques et a clarifié de nombreux aspects de la physiologie humaine. Il a également établi des correspondances entre les structures anatomiques et les fonctions physiologiques, jetant ainsi les bases de la médecine moderne.

Les études anatomiques et les dissections pratiquées par Galien et d'autres médecins de l'Empire romain ont contribué à une meilleure compréhension de l'anatomie humaine et ont ouvert la voie à des avancées significatives dans le domaine de la médecine. Ces connaissances anatomiques ont été transmises à travers les siècles et ont influencé le développement ultérieur de la science médicale.

La Pharmacologie Romaine

La pharmacologie romaine était remarquablement avancée pour son époque. Les Romains utilisaient une grande variété de plantes médicinales pour préparer des onguents, des décoctions et des infusions. Ils utilisaient également des substances minérales et animales dans leurs remèdes. Parmi les plantes médicinales les plus couramment utilisées figuraient la menthe, le thym, le safran, la lavande, l'ail et le pavot. Ces plantes étaient utilisées pour traiter diverses affections, telles que les troubles digestifs, les maux de tête, les douleurs musculaires et articulaires, ainsi que les infections.

Les Romains étaient également connus pour leurs compétences dans la préparation d'onguents, de pommades et de baumes pour traiter les affections cutanées et les blessures. Ils utilisaient souvent des substances telles que la cire d'abeille, l'huile d'olive, la résine de pin et différentes herbes médicinales pour créer ces préparations.

Cependant, il convient de noter que les Romains ne se limitaient pas seulement aux remèdes médicinaux bénéfiques. Ils avaient également une connaissance considérable des poisons et de leur utilisation à des fins médicales et non médicales. Par exemple, la ciguë était utilisée comme poison d'exécution, mais elle était également utilisée en petite quantité pour ses propriétés sédatives et analgésiques.

En ce qui concerne les méthodes de préparation des médicaments, les Romains ont perfectionné des techniques telles que la macération, l'infusion, la décoction et la distillation. Ils ont également utilisé des instruments médicaux avancés pour préparer et administrer des remèdes, tels que des mortiers et des pilons pour écraser et mélanger des ingrédients, ainsi que des gobelets de mesure pour doser avec précision les médicaments.

Dans l'Empire romain, de nombreux médecins étaient des esclaves ou des affranchis, mais leur formation était rigoureuse et ils étaient respectés pour leurs compétences médicales. Ils recevaient généralement leur formation auprès d'autres praticiens expérimentés ou dans des écoles médicales, souvent situées dans des centres urbains importants comme Rome ou Alexandrie. Ils étudiaient les textes médicaux classiques, tels que ceux de Hippocrate et Galien, et apprenaient également par l'observation et la pratique clinique. Cette formation comprenait une compréhension approfondie de l'anatomie humaine, de la physiologie et des traitements médicaux disponibles à l'époque.

Les médecins romains pratiquaient une variété de techniques médicales, y compris la saignée, qui était largement utilisée pour équilibrer les humeurs du corps et traiter une gamme de maladies. Ils utilisaient également une série d'instruments médicaux, tels que des scalpels, des pinces et des sondes, pour effectuer des interventions chirurgicales simples et pour diagnostiquer et traiter les affections.

En plus des traitements physiques, les médecins romains prescrivaient également des remèdes à base de plantes médicinales, des régimes alimentaires spécifiques et des conseils sur le mode de vie pour traiter les maladies et maintenir la santé. Ils étaient souvent consultés pour une variété de maux, allant des affections mineures comme les maux de tête et les douleurs articulaires aux maladies plus graves telles que la fièvre, les infections et les troubles gastro-intestinaux.

La Transmission du Savoir Médical

La préservation et la transmission du savoir médical étaient essentielles pour la continuité de la médecine. Les Romains ont adopté des méthodes pour assurer la pérennité des connaissances médicales.

Les Manuscrits et les Bibliothèques

La préservation et la diffusion des connaissances médicales étaient facilitées par l'utilisation de manuscrits rédigés sur des parchemins. Les textes médicaux, comprenant des traités, des ouvrages et des manuels, étaient copiés à la main par des scribes et conservés dans des bibliothèques, tant publiques que privées.

Les bibliothèques étaient des centres vitaux de l'éducation et de la recherche à travers l'Empire romain. À Rome même, des institutions comme la Bibliothèque d'Alexandrie et la Bibliothèque du Palatin ont joué un rôle crucial dans la préservation et la transmission du savoir médical. Ces bibliothèques contenaient une vaste collection de manuscrits sur divers sujets, y compris la médecine.

Les textes médicaux romains couvraient une gamme étendue de sujets, allant de la théorie médicale à la pratique clinique, en passant par la pharmacologie et la chirurgie. Certains des auteurs médicaux romains les plus renommés incluent Galien, Celse et Dioscoride, dont les œuvres ont influencé la pratique médicale pendant des siècles.

Grâce à la copie et à la préservation des manuscrits, de nombreuses œuvres médicales de l'Antiquité ont survécu jusqu'à nos jours. Bien que de nombreuses bibliothèques de l'Empire romain aient été perdues au fil du temps en raison de conflits, d'incendies et de négligence, certaines œuvres ont été conservées dans des monastères, des universités et des collections privées, contribuant ainsi à préserver l'héritage médical de l'Antiquité.

L'Éducation Médicale

Les Romains ont établi des écoles médicales où les étudiants pouvaient acquérir les connaissances nécessaires pour pratiquer la médecine.

Ces écoles médicales étaient souvent situées dans les grandes villes de l'Empire, telles que Rome, Alexandrie et Athènes. Elles étaient dirigées par des médecins expérimentés et des professeurs renommés, qui enseignaient les principes fondamentaux de la médecine, y compris l'anatomie, la physiologie, la pharmacologie et les techniques de diagnostic et de traitement.

Les étudiants en médecine étaient formés à travers un mélange d'enseignement théorique et de pratique clinique. Ils assistaient à des cours magistraux, étudiaient les textes médicaux classiques et participaient à des démonstrations pratiques et à des stages dans les hôpitaux et les cliniques médicales.

Outre les écoles médicales formelles, la transmission orale du savoir médical jouait également un rôle crucial dans l'éducation médicale romaine. Les médecins expérimentés transmettaient leur savoir et leur expertise à leurs apprentis à travers des discussions, des démonstrations pratiques et des cas cliniques. Cette combinaison d'éducation formelle et d'apprentissage pratique a permis de former une nouvelle génération de médecins compétents et qualifiés.

Les Défis de la Continuité Médicale

La fin de l'Empire romain a été caractérisée par des bouleversements politiques, des invasions barbares et des troubles sociaux, ce qui a eu des conséquences désastreuses sur la préservation du patrimoine culturel, y compris les textes médicaux.

Les invasions barbares et les conflits militaires ont souvent conduit à la destruction de bibliothèques et d'institutions éducatives, entraînant la perte irréparable de nombreux manuscrits médicaux romains. Les villes et les centres urbains, qui abritaient autrefois des écoles médicales et des bibliothèques florissantes, ont été ravagés par les conflits et ont perdu leur importance en tant que centres d'éducation et de culture.

De plus, avec la disparition de l'administration romaine centralisée, les réseaux de communication et d'échange de connaissances ont été perturbés, limitant la diffusion du savoir médical à travers l'Europe occidentale. Les nouveaux pouvoirs politiques et les régimes féodaux qui ont émergé après la chute de l'Empire romain n'ont pas toujours accordé la même importance à l'éducation et à la préservation du savoir que les Romains.

Pendant l'ère médiévale, l'accès à la connaissance médicale était donc considérablement limité, en particulier dans les régions éloignées des centres urbains où l'éducation et la culture étaient moins développées. Les connaissances médicales qui avaient été accumulées au fil des siècles étaient souvent conservées dans des monastères et des centres religieux, mais même là, leur accessibilité était réservée à une élite intellectuelle restreinte.

Ainsi, la fin de l'Empire romain a représenté un défi majeur pour la continuité médicale, avec la perte de nombreuses œuvres médicales romaines et une réduction significative de l'accès à la connaissance médicale pendant l'ère médiévale. Cependant, malgré ces difficultés, certaines œuvres médicales ont survécu et ont continué à influencer le développement ultérieur de la médecine en Europe.

En conclusion, la médecine romaine a joué un rôle significatif dans l'histoire de la médecine en transmettant des connaissances précieuses à travers les âges. Les contributions de médecins tels que Galien ont influencé la pratique médicale pendant des siècles, et certaines de leurs idées et méthodes ont perduré jusqu'à nos jours.

L'Âge d'Or de la Médecine Islamique

Entre les VIIIe et XIIe siècles, les savants du monde islamique ont joué un rôle central dans le développement de la médecine, créant des avancées significatives qui allaient avoir un impact durable sur la science médicale.

Contexte Historique

L'âge d'or de la médecine islamique s'est déroulé pendant une période d'expansion culturelle et scientifique sans précédent au sein du monde islamique, qui englobait des régions allant de l'Espagne à l'Asie centrale.

L'une des contributions les plus significatives de la médecine islamique a été la traduction et la préservation des œuvres médicales grecques antiques, notamment celles d'Hippocrate et de Galien. Les savants islamiques ont traduit ces textes en arabe et les ont enrichis de commentaires et de recherches originales. Les travaux d'Hippocrate et de Galien ont été considérés comme des textes fondamentaux de la médecine. Les savants islamiques ont reconnu leur importance et les ont étudiés en profondeur.

La Systématisation de la Médecine

L'un des aspects les plus remarquables de la médecine islamique a été le développement de systèmes médicaux complets et organisés. Les médecins et les savants ont créé des encyclopédies médicales couvrant divers aspects de la médecine.

Le Canon de la Médecine d'Avicenne

Ibn Sina, plus connu sous le nom d'Avicenne, a joué un rôle prépondérant dans ce contexte avec son œuvre magistrale, le *"Canon de la Médecine"*. Né en 980 et décédé en 1037, Avicenne était un érudit polyvalent, connu pour ses contributions dans les domaines de la médecine, de la philosophie et de la science.

Le *"Canon de la Médecine"* d'Avicenne était une œuvre d'une immense envergure qui est rapidement devenue une référence médicale standard à la fois dans le monde islamique et en Europe. Composé de cinq volumes, cet ouvrage exhaustif couvrait un large éventail de sujets médicaux, allant de l'anatomie et la physiologie à la pharmacologie, la pathologie et la médecine clinique.

Une caractéristique notable du *"Canon de la Médecine"* était son approche systématique et rigoureuse de la médecine, basée sur une combinaison de connaissances anciennes, notamment grecques, et les propres observations et expériences d'Avicenne. Il a consolidé et organisé ces connaissances dans un cadre cohérent, ce qui en a fait une ressource inestimable pour les praticiens de la médecine pendant des siècles.

Le *"Canon de la Médecine"* a été traduit en latin au XIIe siècle et est devenu l'un des textes médicaux les plus influents en Europe. Il a façonné la pratique médicale en Occident et a influencé des figures éminentes telles que Thomas d'Aquin et Paracelse.

Le Kitab al-Hawi d'Al-Razi

Al-Razi, également connu sous le nom de Rhazès, a aussi réalisé des contributions significatives à la médecine avec son œuvre majeure, le *"Kitab al-Hawi"*. Né en 865 et décédé en 925, Al-Razi était un polymathe persan, reconnu pour ses travaux en médecine, en chimie, en philosophie et dans d'autres domaines.

Le "*Kitab al-Hawi*", souvent traduit comme "Le Continuum", était une encyclopédie médicale exhaustive dans laquelle Al-Razi a compilé et organisé les connaissances médicales de son époque. Ce texte monumental a été largement utilisé comme manuel médical en Europe pendant plus de 500 ans après sa rédaction.

Dans le "*Kitab al-Hawi*", Al-Razi abordait une vaste gamme de sujets médicaux, allant de la théorie médicale à la pratique clinique. Il discutait en détail des maladies, de leurs causes et de leurs symptômes, ainsi que des méthodes de diagnostic et de traitement disponibles à l'époque.

Une caractéristique remarquable de l'œuvre d'Al-Razi était son approche scientifique et empirique de la médecine. Il rejetait les superstitions et les pratiques médicales non fondées sur des preuves, préférant s'appuyer sur l'observation clinique et l'expérimentation pour étayer ses théories.

Al-Razi a également fait d'importantes contributions dans d'autres domaines de la médecine, notamment en étudiant la contagion et en développant des techniques de diagnostic. Il a été parmi les premiers à reconnaître l'importance de l'hygiène dans la prévention des maladies, et il a également exploré les liens entre l'esprit et le corps dans le maintien de la santé.

L'influence du "*Kitab al-Hawi*" d'Al-Razi a perduré pendant des siècles, contribuant à façonner la pratique médicale en Europe et dans le monde islamique. Son approche rationnelle de la médecine et son engagement envers la recherche scientifique ont marqué une étape importante dans l'histoire de la médecine.

Les Avancées en Anatomie et en Pharmacologie

Les médecins islamiques ont également réalisé des avancées significatives dans le domaine de l'anatomie et de la pharmacologie. Les savants musulmans, s'inspirant des travaux grecs, romains, indiens et perses, ont non seulement préservé ces connaissances antérieures, mais les ont également développées et améliorées, contribuant ainsi de manière significative à l'avancement de la médecine.

En ce qui concerne l'anatomie, des progrès notables ont été réalisés grâce aux travaux du médecin andalou Ibn Zuhr (connu en Occident sous le nom d'Avenzoar) et de l'anatomiste perse Ibn al-Nafis. Ibn Zuhr a réalisé des dissections anatomiques sur des animaux, ce qui lui a permis de mieux comprendre la structure et le fonctionnement du corps humain. Il a également décrit en détail de nombreux organes internes et leurs fonctions, contribuant ainsi à une meilleure compréhension de l'anatomie humaine.

Quant à Ibn al-Nafis, il est notamment connu pour ses travaux novateurs sur la circulation sanguine. Dans son ouvrage "*Le Traitement*", il a remis en question les théories de Galien sur la circulation sanguine et a proposé un modèle plus précis de la circulation pulmonaire, affirmant que le sang doit passer des ventricules droit et gauche du cœur à travers les poumons pour être oxygéné. Ses idées ont été révolutionnaires et ont anticipé de nombreuses découvertes ultérieures en anatomie et en physiologie cardiovasculaire.

En ce qui concerne la pharmacologie, de nombreux savants musulmans ont contribué à l'identification, à la préparation et à la classification des médicaments. Ils ont développé des méthodes sophistiquées pour extraire des ingrédients actifs à partir de plantes médicinales, ainsi que des procédés pour préparer des médicaments sous forme de pilules, de poudres et de décoctions.

Par exemple, l'ouvrage d'Avicenne comprenait une section sur la pharmacologie détaillant des centaines de médicaments d'origine végétale, minérale et animale, ainsi que leurs indications thérapeutiques et leurs posologies recommandées.

Ces travaux ont jeté les bases de la pharmacologie moderne et ont influencé la pratique médicale pendant des siècles.

L'Impact de la Médecine Islamique

La médecine islamique a indéniablement laissé un héritage durable dans le domaine de la science médicale. Les savants musulmans ont réalisé des progrès significatifs dans de nombreux domaines de la médecine, et leurs travaux ont eu un impact majeur sur la pratique médicale à travers le monde, en particulier en Europe.

L'un des aspects les plus importants de l'impact de la médecine islamique réside dans la transmission des connaissances médicales. Les textes médicaux arabes, qui comprenaient les œuvres de savants comme Avicenne, Rhazès, et Ibn al-Nafis, ont été traduits en latin et diffusés en Europe médiévale. Ces traductions ont permis aux intellectuels européens d'accéder aux riches connaissances médicales développées dans le monde islamique, influençant ainsi la pratique médicale en Europe pendant des siècles.

Les universités européennes médiévales, telles que celles de Salerne, de Montpellier et de Bologne, ont incorporé ces textes médicaux arabes dans leurs programmes d'études. Les étudiants européens ont ainsi été exposés aux avancées et aux idées novatrices de la médecine islamique, ce qui a contribué à l'évolution de la pratique médicale en Europe.

De nombreuses avancées médicales de la médecine islamique ont également continué à avoir une influence significative sur la médecine moderne. Les travaux des savants musulmans ont contribué à façonner des domaines tels que l'anatomie, la pharmacologie, la méthodologie clinique et la chirurgie. Par exemple, les descriptions anatomiques précises d'Ibn al-Nafis sur la circulation sanguine ont anticipé les découvertes ultérieures de William Harvey sur le système circulatoire.

En outre, les savants musulmans ont développé des méthodes avancées de diagnostic et de traitement, ainsi que des techniques chirurgicales innovantes qui ont jeté les bases de la médecine moderne. Leurs contributions ont également favorisé l'adoption de l'approche scientifique dans la pratique médicale, encourageant l'observation clinique et l'expérimentation.

En conclusion, l'âge d'or de la médecine islamique représente une période exceptionnelle de découvertes et de progrès médicaux. Les savants islamiques ont traduit, enrichi et transmis des connaissances médicales provenant d'anciennes civilisations, façonnant ainsi la science médicale telle que nous la connaissons aujourd'hui. Leur engagement envers la recherche, la systématisation et l'innovation a laissé un héritage durable dans le domaine de la médecine.

Les Avancées Médiévales en Europe

L'Europe médiévale a connu une évolution remarquable de la pratique médicale, avec des influences provenant de diverses sources, notamment la médecine islamique et les traditions médicales héritées des Grecs et des Romains.

Les Écoles de Médecine Médiévales

L'établissement d'écoles de médecine a représenté une avancée significative dans la formation des praticiens de la santé et dans la diffusion des connaissances médicales. Ces institutions éducatives ont joué un rôle crucial dans le développement de la pratique médicale et dans la promotion des normes professionnelles au sein de la profession médicale.

L'une des écoles de médecine les plus renommées de l'Europe médiévale était l'École de Salerne, située en Italie. Fondée au XIe siècle, elle est devenue un centre majeur d'apprentissage médical et a attiré des étudiants et des enseignants du monde entier. L'École de Salerne était connue pour son approche humaniste de la médecine, mettant l'accent sur l'importance de la compassion et de l'éthique médicale.

Un des principaux principes de l'École de Salerne était exprimé dans son célèbre adage *"Salus aegroti suprema lex"*, ce qui signifie "La santé du patient est la loi suprême". Cette devise soulignait l'importance primordiale accordée au bien-être du patient dans la pratique médicale, préconisant une approche centrée sur le patient qui mettait l'accent sur la guérison et le soulagement de la souffrance.

Les écoles de médecine médiévales comme l'École de Salerne enseignaient une combinaison de théorie médicale, d'observation clinique et de pratique des soins. Les étudiants étaient formés à la fois dans les aspects théoriques de la médecine, tels que la théorie des humeurs et la pharmacologie, ainsi que dans les compétences pratiques telles que la préparation de remèdes et la pratique chirurgicale.

En plus de l'École de Salerne, d'autres institutions éducatives similaires ont été fondées dans toute l'Europe médiévale, contribuant ainsi à l'essor de la profession médicale et à l'amélioration des soins de santé. Ces écoles ont joué un rôle crucial dans la transmission des connaissances médicales de l'Antiquité et dans la formation des générations futures de médecins.

La Réintroduction de la Méthode Scientifique

L'Europe médiévale a vu la réintroduction de la méthode scientifique dans la médecine, avec un intérêt croissant pour l'observation clinique et l'expérimentation.

Les écrits des médecins islamiques tels qu'Al-Razi (Rhazès) et Ibn Sina (Avicenne) ont joué un rôle crucial dans cette transformation. Ces textes médicaux arabes, traduits en latin, ont été largement diffusés en Europe et ont influencé profondément les méthodes de recherche médicale. Les idées novatrices et les approches scientifiques présentées dans ces textes ont ouvert de nouvelles perspectives aux médecins médiévaux européens. Al-Razi, par exemple, était connu pour son engagement envers l'observation clinique et l'expérimentation dans la pratique médicale. Ses travaux ont encouragé une approche plus pragmatique et empirique de la médecine, en mettant l'accent sur la nécessité de tester et de valider les hypothèses par l'expérience. De même, Ibn Sina (Avicenne) a développé une méthodologie médicale systématique, basée sur l'observation, la classification et l'expérimentation.

L'influence de ces médecins islamiques a favorisé l'adoption de pratiques plus scientifiques par les médecins médiévaux européens. Ils ont commencé à observer attentivement les symptômes des patients, à expérimenter de nouveaux traitements et à documenter leurs résultats de manière systématique. Cela a conduit à une amélioration de la précision des diagnostics et des traitements médicaux, ainsi qu'à une meilleure compréhension des maladies et de leur traitement.

L'Anatomie et la Chirurgie

L'Europe médiévale a vu des progrès significatifs dans l'anatomie et la chirurgie, malgré les défis et les restrictions qui existaient à l'époque.

L'Anatomie de Mondino de' Liuzzi

L'œuvre d'anatomie de Mondino de' Liuzzi, intitulée "*Anathomia*", a marqué une étape importante dans l'avancement de la connaissance anatomique. Publié en 1316, ce manuel anatomique est considéré comme l'un des premiers du genre en Europe médiévale.

Mondino de' Liuzzi était un médecin italien et professeur de médecine à l'Université de Bologne. Son travail a été influencé par la tradition médicale arabe, notamment par les écrits d'Ibn al-Nafis et d'Avicenne, qui avaient été traduits en latin et étaient largement étudiés en Europe à l'époque.

Ce qui a rendu l'œuvre de Mondino particulièrement significative, c'est sa méthodologie. Il a pratiqué la dissection de cadavres humains pour étudier l'anatomie de manière directe et approfondie. Cette approche était novatrice à une époque où l'enseignement de l'anatomie se faisait principalement à partir de manuscrits anciens et de représentations artistiques, plutôt que par l'observation directe des structures anatomiques.

Le "*Anathomia*" de Mondino de' Liuzzi a fourni des descriptions détaillées des organes et des tissus du corps humain, ainsi que des illustrations précises pour accompagner le texte. Ce manuel anatomique a été largement utilisé dans les écoles de médecine européennes pendant des siècles, contribuant ainsi à l'éducation des futurs médecins et chirurgiens.

La Chirurgie

Pendant l'Europe médiévale, la chirurgie a connu des développements significatifs malgré les défis et les limitations de l'époque. Dans le contexte de la chirurgie militaire, les médecins médiévaux étaient souvent confrontés à un grand nombre de blessures traumatiques causées par les combats. Pour répondre à ces défis, ils ont développé des techniques de traitement des blessures telles que la suture des plaies, l'amputation des membres gravement blessés et la gestion des infections. Bien que les méthodes chirurgicales de l'époque étaient rudimentaires par rapport aux normes modernes, ces interventions ont permis de sauver de nombreuses vies sur les champs de bataille.

En ce qui concerne les fractures et les affections orthopédiques, les médecins médiévaux ont élaboré des techniques pour immobiliser et stabiliser les fractures à l'aide de dispositifs tels que des attelles en bois ou en métal. Ils ont également traité des conditions telles que les luxations et les déformations articulaires, bien que les options de traitement étaient limitées par rapport à ce qui est disponible aujourd'hui.

Par ailleurs, dans le domaine de la chirurgie plastique et réparatrice, les médecins médiévaux ont tenté de traiter les affections cutanées, les tumeurs et les blessures du visage à l'aide de techniques chirurgicales simples. Cela comprenait des procédures telles que la réparation de blessures par des sutures et la correction de malformations congénitales.

La pratique de la chirurgie au Moyen Âge était souvent associée à des risques élevés d'infection et de complications, en partie en raison du manque de compréhension des concepts d'asepsie et d'antisepsie. Cependant, malgré ces défis, les médecins médiévaux ont fait preuve de dévouement et de persévérance, contribuant ainsi à jeter les bases de la chirurgie moderne.

Les Hôpitaux Médiévaux et les Soins de Santé

A l'époque médiévale, la multiplication des hôpitaux témoigne de l'importance accordée à la santé publique et au bien-être des populations, ainsi que de l'évolution des pratiques médicales. Au sein des hôpitaux, les malades recevaient des soins médicaux et chirurgicaux, ainsi que des traitements pour diverses affections. Les hôpitaux étaient souvent dirigés par des ordres religieux, tels que les moines ou les sœurs hospitalières, qui étaient responsables de la gestion quotidienne des installations et de la fourniture de soins aux patients.

En France, plusieurs hôpitaux importants ont été fondés pour répondre aux besoins des malades et des démunis. Parmi eux, on peut citer :

- L'Hôtel-Dieu de Paris : Fondé au VIIe siècle par l'évêque Saint Landry, l'Hôtel-Dieu est l'un des plus anciens hôpitaux de Paris. Situé sur l'île de la Cité, il avait pour mission de fournir des soins médicaux aux malades et aux nécessiteux. Au fil du temps, il est devenu un centre majeur de soins de santé dans la capitale française.

- L'Hôpital Saint-Jean à Angers : Fondé au XIIe siècle, cet hôpital était affilié à l'Ordre des Hospitaliers de Saint-Jean de Jérusalem. Il offrait des soins médicaux aux pèlerins, aux voyageurs et aux pauvres, et il était géré par des frères hospitaliers qui se consacraient au service des malades.

- L'Hôtel-Dieu de Lyon : Fondé au XIIe siècle, cet hôpital était l'un des plus importants de la région lyonnaise. Il fournissait des soins médicaux aux malades et aux indigents, ainsi qu'un refuge aux personnes dans le besoin. Il a joué un rôle crucial dans la prestation des soins de santé à Lyon pendant le Moyen Âge.

- L'Hôpital Saint-Louis à Paris : Fondé au XIIIe siècle par le roi Louis IX (Saint Louis), cet hôpital était destiné à accueillir et à soigner les personnes atteintes de la lèpre. Il était situé à l'extérieur des murs de Paris pour isoler les malades et prévenir la propagation de la maladie.

Outre la prestation de soins, les hôpitaux médiévaux servaient également de centres d'enseignement médical et de recherche. Les médecins et les chirurgiens pratiquaient souvent dans ces institutions et partageaient leurs connaissances avec les étudiants en médecine et les apprentis chirurgiens. De plus, certains hôpitaux accueillaient des universités ou des écoles de médecine affiliées, ce qui favorisait la recherche médicale et la diffusion des connaissances. L'Hôpital de St. Bartholomew fondé en 1123, par exemple, est devenu un centre renommé d'enseignement médical à Londres, attirant des étudiants en médecine du monde entier. Les médecins et les chercheurs y menaient des expériences et des observations cliniques, contribuant ainsi à l'avancement de la science médicale.

La Pharmacopée et les Médicaments

La pharmacopée médiévale européenne était influencée par les connaissances médicales anciennes, mais elle a également développé de nouvelles pratiques en matière de préparation et d'utilisation des médicaments. Les monastères médiévaux ont été des acteurs clés dans la culture et l'utilisation des plantes médicinales. Ils ont souvent cultivé des jardins de plantes médicinales, fournissant ainsi une source essentielle d'herbes et de remèdes pour les moines, les malades et les communautés locales. Ces jardins ont été soigneusement entretenus et abritaient une grande variété de plantes aux propriétés médicinales, utilisées pour préparer des potions, des onguents et des remèdes.

Les médecins médiévaux ont également rédigé de nombreux traités médicaux qui décrivaient les propriétés des plantes médicinales et les méthodes de préparation des médicaments. Ces traités, souvent basés sur des sources anciennes telles que les écrits d'Hippocrate, de Galien et de Dioscoride, ont fourni des informations précieuses sur l'utilisation et l'efficacité des remèdes à base de plantes. En plus des plantes médicinales, la pharmacopée médiévale comprenait également d'autres substances telles que les minéraux, les métaux et les animaux, qui étaient utilisés à des fins thérapeutiques. Par exemple, le mercure était parfois utilisé dans le traitement de certaines maladies, bien que ses effets toxiques étaient mal compris à l'époque.

En conclusion, l'Europe médiévale a été témoin de progrès médicaux importants qui ont contribué à l'évolution de la médecine moderne. Les écoles de médecine, la redécouverte de la méthode scientifique, l'avancement de l'anatomie et de la chirurgie, ainsi que les développements en pharmacologie ont marqué cette période.

La Peste Noire et ses Conséquences sur la Médecine

Dans notre exploration de l'histoire de la médecine à travers les âges, il est impossible d'ignorer l'une des périodes les plus sombres et les plus dévastatrices de l'histoire humaine : la pandémie de la peste noire qui a balayé l'Europe au XIVe siècle. Également connue sous le nom de peste bubonique, elle a eu des conséquences profondes sur la société, la médecine et la compréhension de la maladie.

L'Arrivée de la Peste Noire

Au milieu du XIVe siècle, l'Europe a été confrontée à l'une des pandémies les plus dévastatrices de son histoire : la peste noire. Cette épidémie, causée par la bactérie *Yersinia pestis*, a eu un impact catastrophique sur la population européenne et a laissé une marque indélébile sur la société médiévale.

La peste noire a été principalement propagée par les puces présentes sur les rats, qui étaient transportés le long des routes de commerce et qui ont atteint les villes d'Europe. La maladie a ainsi été introduite dans le continent par des commerçants et des voyageurs, se propageant rapidement dans les communautés densément peuplées.

Les symptômes de la peste noire étaient terrifiants et incluaient de la fièvre, des frissons, des ganglions lymphatiques enflés (bubons), des éruptions cutanées et des saignements internes. Ces symptômes effrayants ont valu à la maladie son nom de "peste noire".

La mortalité causée par la peste noire était extrêmement élevée, avec des rapports de décès atteignant jusqu'à 90 % de la population dans certaines régions. Les villes et les villages ont été décimés, et les pertes humaines ont eu un impact dévastateur sur la société, laissant des communautés entières en deuil et provoquant un effondrement économique et social.

En plus des pertes humaines directes, la peste noire a également eu des conséquences à long terme sur la société européenne. Les bouleversements démographiques massifs ont conduit à des pénuries de main-d'œuvre, à des changements dans les structures économiques et à des tensions sociales croissantes.

La peste noire a laissé une empreinte profonde et durable sur la société et la culture de l'époque. Son impact a été si dévastateur qu'il a marqué une période de changement et de transition dans l'histoire européenne, contribuant à remodeler les dynamiques sociales, économiques et politiques du Moyen Âge.

La Compréhension Médiévale de la Peste

La médecine médiévale avait une compréhension limitée des causes de la peste. On croyait souvent que la peste était un châtiment divin ou une manifestation de la colère de Dieu envers l'humanité pour ses péchés. Certains pensaient également que des alignements planétaires néfastes ou des comètes dans le ciel étaient responsables de l'épidémie. Ces croyances ont influencé les attitudes et les réponses des sociétés médiévales face à la maladie.

Les médecins médiévaux n'avaient pas les connaissances nécessaires pour comprendre efficacement la nature de la peste et pour la traiter adéquatement. Par conséquent, les réponses à la peste noire étaient variées et souvent contradictoires.

Certains individus et communautés ont choisi de fuir les zones touchées par la peste dans l'espoir d'échapper à l'infection, tandis que d'autres ont préféré s'isoler pour se protéger.

Certains croyants ont cherché à expier leurs péchés par le jeûne, la prière et les pratiques de mortification. Dans certains cas, des groupes de flagellants parcouraient les villes en se flagellant dans un acte de pénitence collective.

Pour lutter contre la propagation de la maladie, certaines régions ont mis en place des mesures de quarantaine pour isoler les malades et limiter les contacts avec les personnes en bonne santé. Des hôpitaux spéciaux ont été créés pour accueillir les patients atteints de la peste, bien que les soins médicaux disponibles étaient souvent rudimentaires.

L'Impact à Long Terme

La peste noire a eu un impact dévastateur et à long terme sur la société et la médecine de l'Europe médiévale :

1. *Dépopulation et Changements Socio-économiques :* La peste noire a entraîné une forte dépopulation en Europe, avec des estimations de décès allant jusqu'à un tiers de la population. Cette perte démographique massive a entraîné des changements profonds dans la structure sociale et économique. Avec moins de travailleurs disponibles, la main-d'œuvre était rare et les salaires ont augmenté, ce qui a affaibli le système féodal traditionnel basé sur le travail servile. Cela a donné aux paysans plus de pouvoir de négociation et a conduit à des changements dans les relations de travail et les droits des travailleurs.

2. *Déclin de l'Église et Remises en Question Religieuses :* L'Église catholique, qui exerçait une grande influence sur la vie quotidienne des Européens médiévaux, a été incapable de fournir des réponses satisfaisantes à la peste noire. Cette défaillance a sapé la confiance du public dans l'autorité de l'Église et a ouvert la voie à des

remises en question religieuses et à de nouveaux mouvements spirituels.

3. *Stimulation de la Recherche Médicale :* La peste noire a également stimulé l'intérêt pour la recherche médicale et l'étude des maladies. Les médecins de l'époque ont été confrontés à un défi sans précédent et ont cherché activement des moyens de comprendre et de traiter la maladie. Bien que la compréhension de la peste et de ses causes soit restée limitée à l'époque, la pandémie a jeté les bases de futures avancées médicales en encourageant la recherche et l'innovation dans le domaine de la médecine.

En conclusion, la peste noire a été l'un des événements les plus tragiques et dévastateurs de l'histoire humaine, avec des conséquences profondes sur la société, la médecine et notre compréhension de la maladie. Cette pandémie a mis en lumière les limites de la médecine médiévale et a incité à repenser les approches médicales.

Les Premières Universités et l'Émergence de la Profession Médicale

Pendant la période qui s'étend de l'Antiquité à l'ère médiévale, de nouveaux centres d'apprentissage ont vu le jour en Europe, et la médecine a commencé à se structurer en une discipline académique.

Les Origines des Universités

Le concept d'université a évolué au fil du temps, mais les premières universités européennes ont vu le jour au XIIe et au XIIIe siècle dans le contexte d'une croissance urbaine et d'une demande croissante pour l'éducation formelle. Ces institutions ont été influencées par diverses traditions académiques, qui comprenaient notamment :

1. *Héritage de la Grèce antique et de la Rome classique :* Les premières universités ont été influencées par l'héritage intellectuel de la Grèce antique et de la Rome classique. Les intellectuels médiévaux redécouvraient les œuvres de philosophes grecs tels qu'Aristote et Platon, ainsi que les textes latins de penseurs romains comme Cicéron. Ces textes classiques ont fourni la base de nombreux programmes d'études universitaires.

2. *Écoles de médecine dans le monde islamique :* Les travaux des savants musulmans dans les domaines de la médecine, de la philosophie et des sciences ont été traduits en latin et ont circulé en Europe médiévale. Les écoles de médecine dans le monde islamique, telles que celles de Bagdad et de Cordoue, ont joué un rôle crucial dans la transmission des connaissances médicales et scientifiques à travers les frontières culturelles.

3. *Écoles cathédrales et monastiques :* Avant l'émergence des universités, l'éducation formelle était souvent dispensée dans des écoles cathédrales et monastiques. Ces institutions étaient principalement centrées sur l'étude de la théologie et des écritures saintes, mais elles fournissaient également une éducation de base en arts libéraux, en mathématiques et en philosophie.

Les premières universités européennes, telles que l'Université de Bologne (fondée en 1088), l'Université de Paris (fondée au début du XIIe siècle) et l'Université d'Oxford (dont les origines remontent au XIIe siècle), ont émergé comme des centres d'apprentissage où les étudiants pouvaient poursuivre des études avancées dans une variété de disciplines, y compris la théologie, le droit, la médecine, la philosophie et les arts libéraux.

Bologne : La Première Université d'Europe

L'Université de Bologne, fondée en 1088, est souvent considérée comme la première université d'Europe. Elle a joué un rôle majeur dans le développement de la médecine et des professions médicales.

À Bologne, la médecine a été enseignée comme une discipline académique distincte, avec un programme d'études formel comprenant l'étude des textes médicaux antiques, tels que ceux d'Hippocrate et de Galien, ainsi que la pratique clinique. Les étudiants en médecine ont reçu une formation rigoureuse qui comprenait l'observation des patients, la dissection et l'apprentissage des compétences médicales pratiques.

En outre, Bologne a joué un rôle crucial dans l'émergence de la profession médicale en tant qu'entité distincte et réglementée. Les étudiants en médecine devaient suivre un cursus académique structuré et obtenir un diplôme pour pratiquer la médecine légalement. L'Université de Bologne a été l'une des premières institutions à instituer des normes de formation et de pratique pour les médecins, contribuant ainsi à professionnaliser la pratique médicale.

De plus, à travers la création du serment d'Hippocrate, les étudiants en médecine à Bologne se sont engagés à exercer la médecine de manière éthique et à respecter les principes de confidentialité, d'intégrité et de bienveillance envers leurs patients.

Salamanque, Paris, Montpellier, Oxford : Des Foyers de Savoir Médical

D'autres universités prestigieuses ont émergé rapidement en Europe médiévale, suivant l'exemple de l'Université de Bologne, et sont devenues des centres renommés de savoir médical.

Parmi celles-ci, Salamanque, Paris, Montpellier et Oxford se sont distinguées comme des institutions importantes dans le domaine de la médecine :

- *Salamanque :* Fondée au début du XIIIe siècle en Espagne, l'Université de Salamanque a rapidement acquis une réputation d'excellence académique. Elle a joué un rôle crucial dans le développement de la médecine en Europe, offrant des programmes d'études médicales complets et attirant des étudiants et des enseignants de toute l'Europe.

- *Paris :* L'Université de Paris, fondée au début du XIIe siècle, est devenue l'une des plus importantes institutions d'enseignement en Europe médiévale. Elle a été un foyer majeur de savoir médical, avec des facultés de médecine réputées qui ont produit de nombreux érudits et praticiens éminents.

- *Montpellier :* L'Université de Montpellier, fondée au XIIe siècle dans le sud de la France, est devenue un centre majeur d'études médicales. Elle était connue pour son approche pratique de l'enseignement médical, mettant l'accent sur l'observation des patients et la formation clinique.

- *Oxford :* L'Université d'Oxford, dont les origines remontent également au XIIe siècle, a joué un rôle important dans le développement de la médecine en Europe. Elle a abrité des facultés de médecine réputées et a contribué à la formation de nombreux médecins et chercheurs renommés.

Ces universités, tout comme l'Université de Bologne, ont établi des normes académiques et professionnelles élevées pour la pratique médicale. Elles ont joué un rôle crucial dans la transmission des connaissances médicales, la formation de nouveaux praticiens et l'avancement de la médecine en Europe médiévale. En tant que foyers de savoir médical, elles ont contribué à façonner le paysage intellectuel et scientifique de l'époque et ont laissé un héritage durable dans l'histoire de la médecine européenne.

Les Programmes d'Études Médicales

Pendant l'Europe médiévale, les universités ont élaboré des programmes d'études médicales complets et rigoureux, contribuant ainsi à l'avancement de la pratique médicale et à la formation de nouveaux médecins. Voici un aperçu de ces programmes d'études :

- *Étude des Textes Médicaux Anciens :* Les étudiants en médecine étaient initiés aux travaux des anciens médecins grecs, romains et arabes. Les textes d'Hippocrate, de Galien et d'autres auteurs antiques étaient étudiés pour comprendre les principes fondamentaux de la médecine et les théories médicales de l'époque.

- *Philosophie Naturelle :* Les étudiants étaient également formés à la philosophie naturelle, qui comprenait l'étude des principes scientifiques et philosophiques de base sur lesquels reposait la médecine. Cela incluait des sujets tels que la théorie des humeurs, la physiologie et la philosophie de la santé et de la maladie.

- *Anatomie :* L'anatomie était un aspect important du curriculum médical. Les étudiants étudiaient la structure du corps humain à travers des dissections de cadavres, bien que ces pratiques fussent souvent limitées en raison des restrictions religieuses et sociales de l'époque.

- *Pharmacologie :* Les étudiants apprenaient également les bases de la pharmacologie, y compris l'utilisation des herbes médicinales, des remèdes traditionnels et des préparations médicales pour traiter diverses affections.

- *Pratique Clinique :* Les universités médiévales ont établi des hôpitaux universitaires où les étudiants pouvaient acquérir une expérience pratique sous la supervision de médecins expérimentés. Cela leur permettait d'appliquer leurs connaissances théoriques dans un contexte clinique réel et de développer leurs compétences en diagnostic et en traitement des patients.

En intégrant ces éléments dans leurs programmes d'études, les universités médiévales ont préparé les étudiants à exercer la médecine de manière compétente et éthique, contribuant ainsi à l'avancement de la pratique médicale et à l'amélioration des soins de santé pour les populations de l'époque.

Les Professions Médicales Émergentes

L'évolution des universités a donné naissance à des professions médicales distinctes, chacune ayant ses propres domaines de spécialisation et modes de formation :

- *Les Médecins :* Les médecins étaient formés à l'université, où ils recevaient une éducation approfondie en médecine théorique et pratique. Ils étudiaient les textes médicaux anciens, la philosophie naturelle, l'anatomie, la pharmacologie et la pratique clinique. Ils exerçaient la médecine en tant que profession libérale, fournissant des diagnostics et des traitements avancés pour une gamme variée de maladies.

- *Les Chirurgiens :* Les chirurgiens étaient traditionnellement séparés des médecins et formés dans des guildes de chirurgiens. Leur formation était souvent basée sur l'apprentissage pratique auprès de chirurgiens expérimentés, et ils se spécialisaient dans les interventions chirurgicales, les soins aux blessures et les traitements des affections cutanées. Cependant, certaines universités ont commencé à intégrer la chirurgie dans leur curriculum médical, élargissant ainsi les opportunités de formation pour les chirurgiens.

- *Les Apothicaires et les Herboristes :* Les apothicaires et les herboristes étaient responsables de la préparation et de la distribution des médicaments à base de plantes et de substances médicinales. Ils étaient formés dans des guildes d'apothicaires et d'herboristes, où ils apprenaient les techniques de préparation des remèdes et les propriétés des plantes médicinales. Leur rôle était crucial dans la fourniture de traitements pharmaceutiques aux patients et dans la gestion des pharmacies.

Ces professions médicales émergentes ont joué un rôle vital dans la prestation des soins de santé à la population médiévale, en offrant une gamme de services médicaux allant des diagnostics et des traitements avancés aux interventions chirurgicales et aux préparations pharmaceutiques. Leur émergence a également contribué à la professionnalisation de la pratique médicale et à l'amélioration globale des normes de soins de santé en Europe médiévale.

L'Impact sur la Médecine Moderne

L'émergence des universités et des professions médicales pendant l'Europe médiévale a eu un impact significatif sur la médecine moderne.

Les universités médiévales ont favorisé une approche académique de la médecine, mettant l'accent sur la recherche, la rigueur scientifique et l'observation clinique. Les programmes d'études médicales élaborés dans ces institutions ont jeté les bases d'une pratique médicale fondée sur des preuves et des connaissances scientifiques, une approche qui est toujours au cœur de la médecine moderne.

Par ailleurs, l'émergence de professions médicales distinctes a conduit à la formalisation des normes et des réglementations pour la pratique médicale. Les médecins, les chirurgiens et d'autres professionnels de la santé étaient tenus de suivre un curriculum éducatif spécifique, de passer des examens et de respecter des normes éthiques et professionnelles. Cette réglementation a contribué à garantir un niveau minimum de compétence et d'éthique médicale, une caractéristique toujours présente dans la médecine moderne à travers la réglementation et la certification des professionnels de la santé.

Finalement, les universités médiévales ont joué un rôle crucial dans la transmission et la préservation du savoir médical. Les textes médicaux anciens ont été étudiés, traduits et préservés, jetant ainsi les bases du corpus de connaissances médicales sur lequel repose la pratique médicale moderne. Cette tradition de transmission du savoir a perduré au fil des siècles, contribuant à l'accumulation continue de connaissances médicales et à l'évolution de la pratique médicale.

En conclusion, l'émergence des universités et des professions médicales pendant l'Europe médiévale a jeté les bases de nombreux aspects de la médecine moderne, y compris son approche académique, ses normes et réglementations, ainsi que la transmission continue du savoir médical.

Chapitre 3 : La Renaissance et l'Âge des Lumières

La Renaissance : Un Renouveau Culturel

Au cours de la Renaissance, l'Europe a connu un bouleversement culturel majeur qui a profondément influencé la médecine et a jeté les bases de la médecine moderne. Cette période historique a débuté en Italie au XIVe siècle avant de se propager à travers l'Europe. Elle a été caractérisée par un déplacement des valeurs médiévales vers une approche plus humaniste et rationnelle de la vie. Les avancées dans les domaines de l'art, de la littérature, de la philosophie, de la science et de la médecine ont été les piliers de cette ère.

La Redécouverte des Textes Médicaux Antiques

Pendant la Renaissance, la redécouverte des textes médicaux antiques a profondément influencé le développement de la médecine. Les penseurs de la Renaissance ont manifesté un vif intérêt pour les connaissances anciennes, en particulier celles de la Grèce antique et de la Rome classique, et ont entrepris des efforts pour retrouver, traduire et étudier ces textes.

Ainsi, des œuvres majeures de médecins de l'Antiquité, tels qu'Hippocrate, Galien et Dioscoride, ont été redécouvertes et étudiées avec un nouvel enthousiasme. Ces textes ont été considérés comme des sources fondamentales de savoir médical et ont contribué à l'émergence d'une nouvelle approche de la médecine basée sur les connaissances anciennes.

La redécouverte des textes médicaux antiques a eu plusieurs implications importantes pour la pratique médicale :

- *Renaissance de la Médecine Hippocratique :* Les œuvres d'Hippocrate ont été particulièrement vénérées et étudiées. Les principes de la médecine hippocratique, tels que l'importance de l'observation clinique, la notion d'équilibre des humeurs et l'accent mis sur les facteurs environnementaux dans la santé, ont été réintroduits et intégrés dans la pratique médicale.

- *Innovation dans la Pharmacologie et la Botanique :* Les textes de Dioscoride, un pharmacologue grec ancien, ont joué un rôle crucial dans le développement de la pharmacologie et de la botanique. Ses descriptions détaillées des plantes médicinales et de leurs utilisations ont été largement étudiées et ont influencé la pratique de la pharmacie et de la médecine à base de plantes.

- *Réexamen des Théories Galéniques :* Les écrits de Galien ont également été réexaminés pendant la Renaissance. Bien que certains de ses enseignements aient été remis en question et critiqués, d'autres ont été intégrés dans la pratique médicale, contribuant à l'élaboration d'une approche plus systématique et scientifique de la médecine.

Ces textes ont fourni une base de connaissances solide et ont inspiré de nouvelles approches et innovations dans tous les domaines de la pratique médicale, contribuant ainsi à l'évolution et au progrès de la médecine occidentale.

La Révolution de l'Anatomie

La Renaissance a été marquée par une progression significative dans l'observation directe du corps humain et dans la pratique de la dissection.

Dans ce contexte, Andreas Vesalius, un anatomiste belge du XVIe siècle, a été une figure centrale. Ses contributions ont été déterminantes pour l'avancement de l'anatomie et ont profondément influencé la pratique médicale de son époque. En utilisant des méthodes d'observation directe et de dissection, Vesalius a remis en question de nombreuses notions erronées et a produit des descriptions précises du corps humain, basées sur des observations empiriques plutôt que sur des interprétations théoriques. Son ouvrage majeur, "*De humani corporis fabrica*", publié en 1543, a marqué un tournant dans l'histoire de l'anatomie en présentant des illustrations anatomiques détaillées et précises, accompagnées de descriptions révolutionnaires pour leur époque.

Ainsi, grâce aux travaux de Vesalius et d'autres anatomistes de la Renaissance, la compréhension de l'anatomie humaine a considérablement progressé. Leur travail a jeté les bases d'une anatomie moderne, basée sur l'observation directe et l'expérimentation, plutôt que sur des spéculations philosophiques. Cela a eu un impact profond sur la pratique médicale, en améliorant la précision des diagnostics et en ouvrant la voie à de nouvelles avancées dans le traitement des maladies.

Les Avancées en Chirurgie et en Pharmacologie

Pendant la Renaissance, la chirurgie et la pharmacologie ont également connu des avancées significatives qui ont contribué à transformer la pratique médicale.

En ce qui concerne la chirurgie, cette période a été marquée par des progrès dans les techniques chirurgicales, souvent influencées par les découvertes anatomiques de la période. Les chirurgiens de la Renaissance ont bénéficié d'une meilleure compréhension de l'anatomie humaine grâce aux travaux d'anatomistes comme Andreas Vesalius. Cela leur a permis de réaliser des interventions chirurgicales plus précises et plus efficaces. De plus, la Renaissance a vu l'émergence de nouvelles techniques chirurgicales, telles que la ligature des vaisseaux sanguins pour arrêter les saignements lors des opérations, ainsi que des améliorations dans l'utilisation des instruments chirurgicaux. Ces avancées ont contribué à réduire les risques associés à la chirurgie et ont amélioré les taux de survie des patients.

En ce qui concerne la pharmacologie, la Renaissance a été une période de redécouverte et de réévaluation des connaissances médicales anciennes, ainsi que de découvertes de nouveaux remèdes. Les progrès dans les domaines de la botanique et de la chimie ont permis aux médecins de mieux comprendre les propriétés des plantes médicinales et des substances chimiques utilisées en médecine. De célèbres herboristes et alchimistes de l'époque, tels que Paracelse, ont contribué à l'essor de la pharmacologie en expérimentant de nouvelles substances et en développant des traitements innovants pour diverses affections. Leurs travaux ont jeté les bases de la pharmacologie moderne et ont ouvert la voie à de futures avancées dans le domaine de la médecine.

L'Impact de la Renaissance sur la Pratique Médicale

L'impact de la Renaissance sur la pratique médicale a été profond et révolutionnaire. Durant cette période, les idées humanistes, la redécouverte des textes anciens et les avancées dans les sciences ont transformé la manière dont la médecine était comprise et pratiquée.

Tout d'abord, la Renaissance a favorisé une approche plus rationaliste de la médecine. Les médecins ont commencé à privilégier l'observation directe et l'expérience empirique pour comprendre les maladies et les traitements. Cela a conduit à une recherche plus systématique et à une remise en question des anciennes croyances.

En outre, la Renaissance a vu l'émergence d'une éthique médicale plus rigoureuse. Les médecins de cette époque ont reconnu l'importance de l'éthique dans leur pratique, mettant l'accent sur des valeurs telles que la bienveillance, la compassion et le respect de la dignité humaine. Cette évolution a contribué à l'amélioration des soins de santé en mettant l'accent sur le bien-être du patient.

De plus, la Renaissance a favorisé une plus grande précision dans la description des symptômes et des maladies. Les médecins ont développé un langage médical plus précis et ont commencé à documenter de manière plus systématique les symptômes et les observations cliniques. Cela a permis une meilleure communication entre les praticiens et a jeté les bases de la médecine moderne.

Finalement, les idées humanistes ont également eu un impact sur la relation entre les médecins et leurs patients. Les praticiens de la Renaissance ont mis davantage l'accent sur le bien-être du patient, ce qui a contribué à l'amélioration des soins de santé.

En conclusion, la Renaissance a été une période de transformation culturelle majeure en Europe, et son impact sur la médecine a été profond. La redécouverte des textes médicaux antiques, la révolution de l'anatomie, les avancées en chirurgie et en pharmacologie, ainsi que l'adoption de l'observation empirique et de la recherche scientifique ont façonné la pratique médicale moderne et jeté les bases de la médecine telle que nous la connaissons aujourd'hui.

La Médecine à l'Âge des Lumières

L'Âge des Lumières, qui a suivi la Renaissance en Europe, a été une période charnière dans l'histoire de la médecine. Cette époque, qui s'est étendue du XVIIe au XVIIIe siècle, a été marquée par un esprit d'enquête, de rationalisme et de progrès intellectuel. Les idées des penseurs éminents tels que René Descartes, Isaac Newton et de nombreux autres ont influencé la médecine de manière significative, mettant l'accent sur l'observation empirique, la recherche scientifique et l'évolution des pratiques médicales.

Contexte de l'Âge des Lumières

Pour mieux comprendre l'impact de l'Âge des Lumières sur la médecine, il est essentiel de situer cette période dans son contexte historique. L'Âge des Lumières a émergé en Europe occidentale au XVIIe siècle, mais ses racines philosophiques remontent au XVIe siècle. Il a été caractérisé par un rejet de l'obscurantisme, de l'intolérance religieuse et de l'autorité dogmatique au profit d'une approche fondée sur la raison, la science et l'humanisme.

Les Lumières ont promu des idées telles que la liberté, l'égalité, la tolérance religieuse, la séparation de l'Église et de l'État, et l'importance de l'éducation. Les intellectuels de cette époque, appelés philosophes des Lumières, ont remis en question les anciennes croyances et ont encouragé la pensée critique.

L'Impact des Philosophes des Lumières sur la Médecine

Les philosophes des Lumières ont exercé une influence considérable sur la médecine en mettant l'accent sur la méthode scientifique, l'observation empirique et la recherche fondée sur des preuves.

René Descartes, par exemple, a été un philosophe, mathématicien et scientifique français dont les idées ont profondément influencé la pensée médicale. Descartes a développé la méthode du doute méthodique, qui encourageait les individus à remettre en question leurs croyances et leurs idées préconçues pour parvenir à des conclusions basées sur la raison et la logique. Cette approche a également été appliquée en médecine, où l'observation empirique et la recherche scientifique sont devenues des éléments essentiels de la pratique médicale.

Isaac Newton, un physicien et mathématicien anglais du XVIIe siècle, a également joué un rôle crucial dans la transformation de la médecine. Ses lois du mouvement et de la gravité ont été des avancées majeures dans la science, mais elles ont également eu des implications importantes pour la médecine. Elles ont permis aux médecins et aux chirurgiens de mieux comprendre les forces impliquées dans des actions telles que la marche, la course, la respiration et d'autres mouvements corporels. Cette compréhension est cruciale pour diagnostiquer et traiter efficacement les blessures, les maladies et les conditions médicales.

En chirurgie, l'application des principes des lois de Newton permet aux chirurgiens de manipuler les tissus et les organes avec précision, tout en minimisant les dommages aux tissus environnants. De plus, la connaissance des forces impliquées dans les accidents et les traumatismes aide les professionnels de la santé à évaluer et à traiter les blessures traumatiques.

L'Observation Empirique et la Méthode Scientifique

L'Âge des Lumières a marqué un tournant dans la pratique médicale en mettant l'accent sur l'observation empirique et la méthode scientifique. Les médecins de cette époque ont adopté une approche plus rigoureuse de la recherche médicale, basée sur l'observation directe et la collecte de données factuelles.

Un exemple notable de cette évolution est l'anatomie. Au cours de l'Âge des Lumières, l'observation directe du corps humain est devenue une pratique courante, et la dissection anatomique a été encouragée. Andreas Vesalius, un anatomiste belge du XVIe siècle, a été un pionnier en la matière. Son ouvrage majeur, "*De humani corporis fabrica*" (Sur la structure du corps humain), publié en 1543, a été une étape décisive dans l'anatomie moderne. Vesalius a rejeté de nombreuses erreurs anatomiques héritées de l'Antiquité et a encouragé la dissection active pour étudier la structure du corps humain.

Cette révolution anatomique a permis aux médecins de l'Âge des Lumières de mieux comprendre la physiologie humaine, de corriger des erreurs médicales séculaires et de développer des approches plus précises en chirurgie et en médecine.

En conclusion, au cours de l'Âge des Lumières, la médecine a connu une période de transformation significative, caractérisée par une avancée majeure dans la compréhension des maladies et des traitements. Les progrès scientifiques et technologiques, combinés à une nouvelle approche empirique et rationnelle, ont permis des découvertes révolutionnaires dans divers domaines médicaux.

L'Expansion des Connaissances Médicales à Travers le Monde

La période de la Renaissance et de l'Âge des Lumières a été une époque de transformation profonde dans le domaine de la médecine en Europe, mais elle a également été marquée par une expansion significative des connaissances médicales à travers le monde. Les échanges culturels, les voyages d'exploration et les avancées scientifiques ont contribué à la diffusion des idées médicales et des pratiques médicales bien au-delà des frontières de l'Europe.

La Renaissance Européenne et les Échanges Culturels

Pendant la Renaissance, les échanges culturels et commerciaux avec d'autres régions du monde ont joué un rôle crucial dans la diffusion et l'enrichissement des connaissances médicales. Les routes commerciales telles que la Route de la Soie ont facilité les échanges entre l'Europe, l'Asie et l'Afrique, permettant ainsi la transmission de savoirs médicaux diversifiés.

Les contacts avec des civilisations avancées sur le plan médical, comme celles du monde arabe, de la Perse et de l'Inde, ont été particulièrement significatifs. Les savants européens, désireux d'élargir leurs connaissances et d'enrichir leur pratique médicale, ont entrepris de traduire des textes médicaux anciens de ces régions en langues européennes, tels que le latin, le grec et le vernaculaire. Ces traductions ont permis aux praticiens européens d'accéder à un vaste réservoir de connaissances médicales provenant de cultures diverses.

Par exemple, des ouvrages médicaux arabes et persans, traduits en latin, ont exercé une influence significative sur la pratique médicale européenne. Des œuvres d'éminents médecins arabes comme Avicenne et Rhazès ont été largement étudiées et adaptées dans les universités européennes, contribuant ainsi à l'avancement de la médecine en Europe.

En outre, les voyages d'exploration et de découverte pendant la Renaissance ont également favorisé les échanges culturels et la diffusion des connaissances médicales. Les explorateurs européens ont rapporté de nouvelles plantes médicinales, des remèdes et des pratiques médicales des terres qu'ils avaient visitées, enrichissant ainsi le répertoire médical européen.

La Médecine Arabe et la Transmission du Savoir

Pendant la Renaissance, l'Empire arabe a joué un rôle crucial dans la préservation et la transmission des connaissances médicales antiques. Ce rôle a été principalement facilité par des centres d'apprentissage et de traduction, tels que la célèbre *Maison de la Sagesse* à Bagdad.

La *Maison de la Sagesse*, fondée pendant le règne des califes abbassides à Bagdad, était un centre intellectuel majeur où des savants arabes, persans et d'autres origines travaillaient ensemble pour traduire des textes scientifiques, philosophiques et médicaux de diverses langues anciennes, notamment le grec, le persan, le sanskrit et le syriaque, en arabe. Ces traductions ont permis la préservation des connaissances médicales classiques de civilisations anciennes telles que la Grèce et Rome.

Les traductions des textes médicaux grecs, en particulier ceux de Galien et d'Hippocrate, ainsi que des œuvres de médecins persans et indiens, ont été réalisées à la *Maison de la Sagesse* et dans d'autres centres intellectuels de l'Empire arabe. Ces textes ont été ensuite diffusés à travers le monde islamique, contribuant ainsi à l'avancement de la médecine dans cette région. De plus, les savants arabes ont également apporté leurs propres contributions à la médecine en traduisant, en commentant et en développant les connaissances médicales existantes.

Ainsi, la médecine arabe a joué un rôle fondamental dans la transmission du savoir médical antique, en préservant les textes médicaux classiques et en les enrichissant par de nouvelles contributions intellectuelles. Cette préservation et cette transmission ont eu un impact durable sur le développement de la médecine à travers le monde, contribuant à l'évolution des connaissances médicales pendant cette période cruciale de l'histoire.

La Médecine Chinoise et la Tradition Millénaire

Pendant la Renaissance et l'Âge des Lumières, malgré la distance géographique entre l'Europe et la Chine, la médecine chinoise a maintenu sa tradition millénaire et continué à se diffuser à travers le monde.

Les échanges commerciaux et culturels entre l'Europe et l'Asie, bien que moins fréquents que les contacts entre l'Europe et le monde arabe, ont permis une transmission partielle des connaissances médicales chinoises. Les marchands, missionnaires et explorateurs européens ont rapporté des observations sur ces pratiques médicales, et ont contribué à l'introduction de certains aspects de la médecine chinoise en Europe, bien que celles-ci aient souvent été mal comprises ou déformées par le prisme culturel occidental.

Cependant, plusieurs aspects de la médecine chinoise ont été intégrés dans la pratique médicale européenne. Par exemple, la découverte de plantes médicinales en Asie, comme le ginseng, a suscité un intérêt croissant parmi les médecins européens. De même, certains concepts clés de la médecine traditionnelle chinoise, tels que l'équilibre entre le yin et le yang ainsi que le concept de qi (énergie vitale), ont également influencé la pensée médicale européenne, bien que de manière indirecte et souvent fragmentaire. Les techniques thérapeutiques de l'acupuncture et de la moxibustion, issues de la médecine traditionnelle chinoise, ont également commencé à attirer l'intérêt en Europe. L'acupuncture implique l'insertion d'aiguilles fines à des points spécifiques du corps pour réguler le flux d'énergie dans les méridiens, tandis que la moxibustion consiste à brûler de l'armoise séchée sur certains points d'acupuncture pour stimuler la circulation énergétique.

Au fur et à mesure que les contacts avec l'Extrême-Orient se développaient, les récits de voyageurs et de missionnaires européens rapportaient ces pratiques curieuses et intrigantes.

Bien que leur compréhension précise et leur acceptation aient varié, l'introduction de ces techniques a contribué à élargir les horizons médicaux européens et à stimuler la réflexion sur de nouvelles approches thérapeutiques.

En outre, les écrits de Li Shizhen, médecin chinois du XVIe siècle, ont joué un rôle crucial. Son ouvrage *"Bencao Gangmu"* (ou "Grand traité d'herboristerie") répertorie et décrit plus de 1800 substances médicinales, ainsi que leurs propriétés et utilisations. Cette œuvre fondamentale a consolidé et systématisé les connaissances médicales chinoises de son époque. Son importance a été rapidement reconnue en Europe, où il a été traduit en plusieurs langues dès le XVIIe siècle. Les traductions et les commentaires de *"Bencao Gangmu"* ont ainsi permis aux médecins européens d'accéder à une source précieuse de connaissances médicales chinoises, ouvrant de nouvelles perspectives en médecine et pharmacologie européennes.

En résumé, bien que les échanges entre l'Europe et la Chine aient été limités pendant la Renaissance et l'Âge des Lumières, la médecine chinoise a laissé une empreinte significative sur la pratique médicale européenne.

La Médecine Indienne et les Écrits Ayurvédiques

Pendant la Renaissance et l'Âge des Lumières, l'intérêt pour la médecine indienne, en particulier l'Ayurveda, a commencé à s'accroître en Europe. Les textes sacrés de l'Ayurveda, tels que les *"Charaka Samhita"* et les *"Sushruta Samhita"*, ont été traduits en plusieurs langues européennes, ce qui a suscité un vif intérêt parmi les intellectuels et les praticiens de la médecine. Ces traductions ont permis aux médecins européens d'accéder à une richesse de connaissances sur les herbes médicinales, les techniques de guérison et les principes philosophiques de la médecine ayurvédique.

Les concepts fondamentaux de l'Ayurveda, tels que les doshas (types de constitution), les gunas (qualités), et les dhatus (tissus corporels), ont fasciné les intellectuels européens, ouvrant de nouvelles perspectives sur la compréhension du corps humain et de la santé. De plus, l'Ayurveda a proposé une approche holistique de la médecine, mettant l'accent sur l'équilibre entre le corps, l'esprit et l'environnement, ce qui contrastait avec l'approche plus mécaniste de la médecine occidentale de l'époque.

Les herbes médicinales décrites dans les textes ayurvédiques ont également attiré l'attention des médecins européens, qui ont commencé à explorer les possibilités de les utiliser dans leurs pratiques médicales. Des plantes comme le curcuma, l'ashwagandha et le neem ont été étudiées pour leurs propriétés médicinales, ouvrant de nouvelles avenues dans le domaine de la pharmacologie européenne.

En conclusion, l'expansion des connaissances médicales à travers le monde pendant la Renaissance et l'Âge des Lumières a été un élément clé de l'histoire de la médecine. Les échanges culturels, les voyages d'exploration et les traductions de textes médicaux ont permis la diffusion des connaissances médicales à une échelle mondiale. Cette diversité de perspectives et de pratiques a enrichi la médecine, renforçant notre compréhension de la santé et de la guérison.

Chapitre 4 : Le XIXe Siècle : L'Ère de la Médecine Moderne

Les Avancées dans la Compréhension des Maladies et de la Microbiologie

Le XIXe siècle a été témoin d'une révolution scientifique et médicale sans précédent. Les découvertes et les avancées technologiques ont ouvert de nouvelles perspectives sur la compréhension des maladies et en particulier de la microbiologie.

Le Microscope et la Révolution Microbiologique

L'une des avancées les plus marquantes du XIXe siècle a été le développement du microscope. Cet outil a permis aux scientifiques d'explorer le monde invisible des microbes, ce qui a eu un impact majeur sur la médecine. Trois figures clés se sont particulièrement distinguées dans cette révolution microbiologique : Antoine van Leeuwenhoek, Louis Pasteur et Robert Koch.

Antoine van Leeuwenhoek

Antoine van Leeuwenhoek, scientifique néerlandais du XVIIe siècle, est reconnu comme le père de la microbiologie. Il a acquis une renommée internationale pour ses contributions majeures à la science, en particulier pour avoir été le premier à observer les micro-organismes à l'aide de microscopes qu'il avait lui-même fabriqués. Ses observations détaillées ont révélé l'existence de bactéries, de protozoaires et d'autres formes de vie microscopiques, ouvrant ainsi la voie à une nouvelle compréhension du monde invisible qui nous entoure.

Louis Pasteur

Louis Pasteur, éminent chimiste et microbiologiste français du XIXe siècle, est connu pour ses contributions révolutionnaires à la microbiologie. Il a démystifié la théorie de la génération spontanée en démontrant que les micro-organismes ne naissent pas spontanément, mais proviennent de sources préexistantes. En outre, Pasteur a développé la technique de la pasteurisation, un processus de chauffage des aliments pour tuer les micro-organismes pathogènes, contribuant ainsi à prévenir la détérioration des aliments et à garantir leur salubrité.

Robert Koch

Robert Koch était un médecin et microbiologiste allemand du XIXe siècle. Il a développé les postulats de Koch, un ensemble de critères utilisés pour établir la relation entre un micro-organisme spécifique et une maladie particulière. Ces postulats ont fourni un cadre méthodologique pour la recherche sur les agents pathogènes et ont joué un rôle crucial dans l'identification des causes de nombreuses maladies infectieuses. En utilisant ces principes, Koch a réussi à isoler et à identifier le bacille responsable de la tuberculose, marquant ainsi un tournant majeur dans la compréhension et la lutte contre cette maladie dévastatrice.

La Théorie Germique des Maladies

La Théorie des Germes

La découverte des micro-organismes qui a été un tournant majeur dans l'histoire de la médecine, a conduit à la formulation de la théorie des germes. Cette théorie stipule que de nombreuses maladies sont causées par des micro-organismes, tels que les bactéries et les virus. Auparavant, les maladies étaient souvent attribuées à des causes mystiques ou à des déséquilibres corporels, mais la découverte des micro-organismes a radicalement changé cette perspective. La reconnaissance de leur rôle dans la propagation des maladies a ouvert la voie à de nouvelles approches en matière de prévention, de traitement et de contrôle des maladies infectieuses. Cette avancée a également conduit au développement de pratiques d'hygiène et de mesures de santé publique visant à limiter la transmission des agents pathogènes et à améliorer la santé globale de la population.

Dans ce contexte, deux figures majeures ont laissé une empreinte indélébile : Ignaz Semmelweis et John Snow.

Ignaz Semmelweis

Ignaz Semmelweis était un médecin hongrois. Il a observé que la fièvre puerpérale, une infection grave qui touchait de nombreuses femmes après l'accouchement, pouvait être réduite de manière significative si les médecins se lavaient les mains avant de traiter les patientes. À l'époque, les médecins ne se lavaient pas systématiquement les mains, et les infections se propageaient facilement d'une patiente à l'autre. En introduisant le lavage des mains avec une solution chlorée, Semmelweis a réussi à réduire de manière spectaculaire le taux de mortalité maternelle dans son service obstétrique. Cependant, ses idées ont été initialement rejetées par la communauté médicale de l'époque, et il a été confronté à de l'opposition et du scepticisme. Malgré cela, ses travaux ont ouvert la voie à des pratiques d'hygiène médicale essentielles qui sont aujourd'hui largement acceptées et appliquées dans les hôpitaux du monde entier.

John Snow

John Snow était un médecin britannique renommé pour son enquête pionnière sur l'épidémie de choléra qui a frappé Londres en 1854. À une époque où la cause du choléra n'était pas bien comprise, Snow a entrepris une analyse minutieuse des cas de choléra dans le quartier de Soho à Londres. En utilisant des cartes pour représenter l'emplacement des cas de choléra, il a identifié une concentration de cas autour d'une pompe à eau sur Broad Street. Convaincu que l'eau de cette pompe était contaminée, il a persuadé les autorités locales de retirer la poignée de la pompe, ce qui a entraîné une diminution significative des cas de choléra dans la région. Les travaux de John Snow ont été cruciaux pour démontrer que le choléra était transmis par l'eau contaminée, plutôt que par l'air, comme on le croyait à l'époque. Son approche novatrice de l'épidémiologie a jeté les bases de la recherche moderne sur les maladies infectieuses et a contribué à sauver d'innombrables vies en améliorant les pratiques d'hygiène publique.

La Vaccination et la Prévention des Maladies Infectieuses

Au XIXe siècle, des avancées majeures ont été réalisées dans le domaine de la vaccination, une méthode cruciale dans la prévention des maladies infectieuses. Ainsi, cette période a été marquée par le développement de plusieurs vaccins efficaces contre des maladies graves.

Vaccin Contre la Variole

L'introduction du vaccin contre la variole marque l'un des premiers grands succès de la vaccination dans l'histoire de la médecine. La variole était une maladie dévastatrice qui avait causé d'innombrables décès à travers le monde et qui représentait un sérieux problème de santé publique.

Edward Jenner, un médecin britannique, est crédité de la création du premier vaccin contre la variole en 1796. Jenner avait observé que les personnes exposées à une forme bénigne de la variole bovine semblaient développer une immunité contre la variole humaine. Fort de cette observation, il a mené une expérience dans laquelle il a inoculé un jeune garçon avec du matériel infectieux de la variole bovine, puis a exposé le garçon à la variole humaine, démontrant ainsi l'efficacité du vaccin.

Cette découverte a ouvert la voie à l'utilisation généralisée de la vaccination pour prévenir la variole. Grâce à la propagation rapide du vaccin, la variole a été éradiquée dans de nombreuses régions du monde au cours du XIXe siècle. En 1980, l'Organisation Mondiale de la Santé a déclaré que la variole avait été éradiquée dans le monde entier, marquant l'un des plus grands succès de la vaccination dans l'histoire de la médecine.

Vaccin Contre la Rage

Un autre progrès majeur dans le domaine de la vaccination fut la mise au point du vaccin contre la rage. Cette maladie, qui affecte le système nerveux central et est souvent transmise par la morsure d'animaux infectés, était alors considérée comme incurable et souvent mortelle.

Le développement du vaccin contre la rage est attribué à Louis Pasteur, qui a réalisé ses travaux dans les années 1880. Pasteur a travaillé sur l'idée de créer un vaccin à partir d'une forme atténuée du virus de la rage. Il a commencé par expérimenter sur des animaux, en inoculant à des chiens des virus de plus en plus atténués jusqu'à ce qu'ils ne causent plus la maladie. Il a ensuite testé avec succès le vaccin sur un jeune garçon mordu par un chien enragé en 1885.

Les résultats de Pasteur ont été révolutionnaires. Non seulement il a démontré l'efficacité du vaccin contre la rage, mais il a également prouvé que la maladie pouvait être prévenue après l'exposition, à condition que le vaccin soit administré avant l'apparition des symptômes. Cette avancée a eu un impact énorme, sauvant d'innombrables vies humaines et animales.

Vaccin Contre la Typhoïde

Le vaccin contre la typhoïde a été développé en 1896 par les médecins Almroth Wright et Richard Pfeiffer. La typhoïde, une maladie grave provoquée par la bactérie Salmonella typhi, était une préoccupation de santé publique majeure à l'époque en raison de ses épidémies récurrentes et de sa propagation par l'eau contaminée et les aliments. Wright et Pfeiffer ont réussi à isoler la bactérie responsable de la maladie et à développer un vaccin efficace pour prévenir la typhoïde, contribuant ainsi à réduire son incidence.

Vaccin Contre la Diphtérie

Le vaccin contre la diphtérie a été développé en 1890 par le scientifique allemand Emil von Behring. La diphtérie était une maladie contagieuse et souvent mortelle causée par la bactérie *Corynebacterium diphtheriae*, affectant principalement les voies respiratoires et causant des symptômes graves tels que des difficultés respiratoires et des lésions cutanées. Le développement du vaccin contre la diphtérie par von Behring a marqué une étape majeure dans la lutte contre cette maladie, car il a permis de prévenir efficacement les infections et de réduire considérablement le nombre de décès dus à cette affection.

Ces avancées dans la vaccination ont révolutionné la manière dont les maladies infectieuses étaient prévenues et contrôlées. En fournissant une protection contre les agents pathogènes spécifiques, les vaccins ont contribué à réduire considérablement le fardeau des maladies infectieuses, sauvant ainsi d'innombrables vies et améliorant la santé publique à l'échelle mondiale. Aujourd'hui, la vaccination reste une composante essentielle des programmes de santé publique, et de nouveaux vaccins continuent d'être développés pour lutter contre les maladies émergentes et réduire la propagation des maladies existantes.

En conclusion, le XIXe siècle a été une période de révolution médicale qui a transformé la manière dont nous comprenons les maladies. Les découvertes en microbiologie, la théorie des germes et la vaccination ont contribué à l'essor de la médecine moderne. Ces avancées ont permis de prévenir et de traiter de nombreuses maladies, améliorant ainsi la santé et la qualité de vie de millions de personnes dans le monde.

L'Essor de la Chirurgie et de l'Anesthésie

Au début du XIXe siècle, la chirurgie était une discipline risquée et souvent douloureuse. Les procédures étaient limitées par la douleur intense que les patients devaient endurer pendant les opérations. Cependant, cette époque a vu l'essor de la chirurgie moderne grâce à plusieurs innovations importantes.

L'Anatomie Chirurgicale

Les progrès dans le domaine de la chirurgie ont été étroitement liés à une meilleure compréhension de l'anatomie humaine. Les chirurgiens ont intensifié leurs efforts pour étudier l'anatomie en réalisant des dissections et en examinant attentivement les corps. Cette approche méthodique a permis d'approfondir les connaissances sur la structure du corps humain, y compris la disposition des organes, des vaisseaux sanguins et des nerfs.

Grâce à cette compréhension accrue de l'anatomie, les chirurgiens ont pu réaliser des interventions plus précises et plus efficaces. Ils étaient mieux équipés pour identifier les structures anatomiques impliquées dans les maladies et les traumatismes, ce qui leur permettait de planifier et d'exécuter des procédures chirurgicales avec plus de succès. De plus, cette connaissance approfondie de l'anatomie a également permis aux chirurgiens d'éviter les dommages aux tissus environnants lors des interventions, réduisant ainsi les complications post-opératoires et améliorant les résultats pour les patients.

Le Développement de l'Anesthésie

Le développement de l'anesthésie a représenté une avancée majeure dans le domaine de la médecine et de la chirurgie au XIXe siècle. Avant cette époque, les interventions chirurgicales étaient souvent accompagnées de douleurs extrêmes pour les patients, ce qui limitait considérablement les possibilités d'interventions complexes et prolongées. L'utilisation d'agents anesthésiques a permis de surmonter cet obstacle et a révolutionné la pratique chirurgicale.

L'éther et le chloroforme ont été parmi les premiers agents anesthésiques à être utilisés avec succès. L'éther, découvert pour ses propriétés anesthésiques par le dentiste américain William T.G. Morton en 1846, a été le premier à être utilisé lors d'une intervention chirurgicale publique. Peu de temps après, le chloroforme, découvert par le médecin écossais Sir James Young Simpson en 1847, est devenu un autre choix populaire pour l'anesthésie.

Ces agents anesthésiques ont permis aux chirurgiens d'effectuer des opérations prolongées et complexes avec une réduction significative, voire une élimination totale, de la douleur ressentie par les patients. Cela a ouvert de nouvelles possibilités, permettant des interventions plus étendues et plus précises. L'anesthésie a également contribué à réduire le stress et l'anxiété associés à la chirurgie, ce qui a favorisé une meilleure acceptation des interventions médicales par le grand public.

L'Asepsie Chirurgicale

Au XIXe siècle, l'asepsie chirurgicale est devenue une avancée majeure dans le domaine de la médecine, notamment grâce aux travaux novateurs du chirurgien britannique Joseph Lister. Lister a introduit des techniques visant à prévenir les infections post-opératoires en utilisant des antiseptiques pour désinfecter les instruments chirurgicaux, les surfaces et les plaies des patients.

Joseph Lister s'est inspiré des travaux du chimiste Louis Pasteur sur la théorie des germes pour développer ses méthodes d'asepsie chirurgicale. Convaincu que les germes étaient responsables des infections post-opératoires, Lister a commencé à expérimenter l'utilisation de produits chimiques pour éliminer ces agents pathogènes. Il a notamment utilisé le phénol, également connu sous le nom d'acide carbolique, comme antiseptique pour désinfecter les instruments chirurgicaux et pour irriguer les plaies chirurgicales.

Les contributions de Joseph Lister à l'asepsie chirurgicale ont eu un impact significatif sur la pratique médicale. Grâce à l'utilisation des antiseptiques, Lister a réussi à réduire considérablement le taux d'infections post-opératoires et la mortalité associée à la chirurgie. Ses travaux ont permis de transformer les salles d'opération en environnements plus propres et plus stériles, ce qui a amélioré les résultats pour les patients et ouvert la voie à des avancées majeures dans la chirurgie moderne.

En conclusion, l'essor de la chirurgie, l'introduction de l'anesthésie et l'adoption de pratiques d'hygiène médicale ont non seulement amélioré la sécurité et le confort des patients, mais elles ont également ouvert la voie à de nouvelles possibilités et des interventions plus complexes et plus efficaces.

La Naissance de la Médecine Clinique

Le XIXe siècle a été une période charnière pour la médecine, marquée par l'émergence de la médecine clinique, une approche médicale centrée sur l'observation, la description et le diagnostic des maladies chez les patients individuels.

L'État de la Médecine Avant le XIXe Siècle

Avant le XIXe siècle, la pratique médicale était profondément enracinée dans les traditions anciennes et les théories philosophiques plutôt que dans des méthodes fondées sur l'observation scientifique et l'expérimentation. Cette époque était largement dominée par la théorie des humeurs, un concept hérité de l'Antiquité et du Moyen Âge, selon lequel la santé d'un individu dépendait de l'équilibre des quatre humeurs corporelles : le sang, la bile jaune, la bile noire et le phlegme.

La médecine traditionnelle reposait fortement sur cette idée, et les praticiens cherchaient à restaurer cet équilibre en utilisant diverses méthodes, souvent rudimentaires. Parmi les traitements les plus couramment prescrits figuraient les saignées et les purges, qui étaient censées éliminer les humeurs excessives ou nocives du corps. Ces pratiques étaient souvent inefficaces, voire dangereuses, et étaient basées davantage sur des croyances culturelles et religieuses que sur des preuves scientifiques.

En outre, l'accès à l'éducation médicale était limité, et la profession médicale était souvent réservée à une élite restreinte. Les médecins étaient souvent formés dans le cadre de guildes ou sous la tutelle de praticiens expérimentés, et il n'existait pas de normes universellement acceptées en matière de pratique médicale.

L'Émergence de la Médecine Clinique

La médecine clinique est née de la nécessité de comprendre les maladies à travers une observation attentive des patients et une approche scientifique.

Le Rôle de la Révolution Industrielle

Au cours du XIXe siècle, la Révolution industrielle a apporté des changements profonds à la société, notamment dans le domaine de la santé et de la médecine. L'émergence de nouvelles industries a entraîné une urbanisation rapide et une concentration croissante de populations dans les villes. Cela a créé des conditions de vie et de travail souvent insalubres et dangereuses, favorisant la propagation de maladies infectieuses et chroniques.

L'urbanisation rapide a entraîné une augmentation de la pollution de l'air et de l'eau, ainsi que des conditions de logement surpeuplées et insalubres. Ces facteurs ont favorisé la propagation de maladies telles que la tuberculose, le choléra et la fièvre typhoïde. De plus, les conditions de travail dans les usines et les mines étaient souvent dangereuses et exposaient les travailleurs à des risques d'accidents graves, de maladies professionnelles et de traumatismes physiques.

Face à ces défis, il est devenu impératif pour la communauté médicale de mieux comprendre ces maladies et de trouver des moyens efficaces de les prévenir et de les traiter. Cela a conduit à des avancées importantes dans le domaine de l'hygiène publique, de l'épidémiologie et de la médecine préventive. Des réformes sanitaires ont été entreprises pour améliorer les conditions de vie et d'hygiène dans les villes, notamment la mise en place de systèmes d'approvisionnement en eau potable, d'élimination des déchets et d'assainissement.

De plus, la recherche médicale s'est intensifiée, avec un intérêt croissant pour l'étude des maladies infectieuses et la recherche de vaccins et de traitements efficaces. Les progrès dans les domaines de la microbiologie et de la pathologie ont permis une meilleure compréhension des agents pathogènes et des mécanismes de transmission des maladies.

L'Importance de l'Observation Clinique

Au XIXe siècle, l'observation clinique est devenue un élément central. Des médecins éminents comme René Laennec ont joué un rôle crucial dans la promotion de cette approche, mettant en lumière l'importance de l'observation attentive des patients pour comprendre les maladies.

René Laennec, médecin français du début du XIXe siècle, est surtout connu pour son invention révolutionnaire du stéthoscope en 1816. Avant cette innovation, l'auscultation impliquait souvent de placer l'oreille directement sur la poitrine du patient, une méthode qui pouvait être peu pratique et peu hygiénique. Laennec a développé le stéthoscope pour surmonter ces limitations et permettre une écoute plus précise des sons internes du corps.

L'utilisation du stéthoscope a permis aux médecins d'écouter les bruits cardiaques, respiratoires et autres sons corporels avec une clarté et une précision accrues. Cela a ouvert de nouvelles possibilités pour diagnostiquer les affections pulmonaires, cardiovasculaires et d'autres conditions médicales, en fournissant des indices importants sur l'état de santé du patient. Cet examen clinique direct a aussi permis aux médecins de mieux comprendre les maladies, d'établir des diagnostics plus précis et de développer des stratégies de traitement plus efficaces.

L'observation clinique est devenue une pratique standard dans la formation médicale et a contribué à jeter les bases de la méthode scientifique dans la médecine. L'attention portée aux détails cliniques a permis aux praticiens de recueillir des données précieuses sur les symptômes, les signes physiques et les résultats des examens, ce qui a conduit à une meilleure compréhension des maladies et à des progrès significatifs dans le domaine médical.

Les Contributions Majeures de la Médecine Clinique

Le développement de la médecine clinique au XIXe siècle a conduit à des avancées significatives dans le domaine de la santé et de la médecine.

- L'établissement de diagnostics précis : L'observation attentive des patients a permis de développer une compréhension plus précise des maladies et de poser des diagnostics plus fiables.

- Le développement de nouvelles spécialités : L'émergence de la médecine clinique a ouvert la voie à de nombreuses spécialités médicales, telles que la cardiologie, la neurologie et la gastro-entérologie.

- L'importance de la formation médicale : L'enseignement médical s'est orienté vers une formation clinique, mettant l'accent sur l'observation et la pratique auprès des patients.

La Médecine Clinique dans la Médecine Moderne

La médecine clinique reste au cœur de la médecine moderne et de la prestation des soins de santé. Elle repose sur des principes fondamentaux :

- L'importance de l'interrogatoire et de l'examen physique : Les médecins posent des questions aux patients pour obtenir des antécédents médicaux détaillés et réalisent un examen physique pour recueillir des données objectives.

- Les avancées technologiques : Les progrès de la technologie médicale, tels que l'imagerie médicale et les tests de laboratoire, complètent l'évaluation clinique des patients.

- La prise en charge globale du patient : La médecine clinique reconnaît l'importance de considérer les patients dans leur ensemble, en tenant compte de leurs besoins physiques, psychologiques et sociaux.

En conclusion, le XIXe siècle a été témoin de la naissance de la médecine clinique, une approche révolutionnaire qui a transformé la façon dont nous comprenons et traitons les maladies. L'observation attentive des patients et l'établissement de diagnostics précis sont devenus les piliers de la médecine moderne. Cette évolution a également ouvert la voie à de nombreuses spécialités médicales et à une formation médicale plus orientée vers la pratique.

L'influence des Théories sur la Santé Mentale

Le XIXe siècle a marqué un tournant décisif dans la compréhension et la prise en charge de la santé mentale.

L'État de la Santé Mentale avant le XIXe Siècle

Avant le XIXe siècle, la santé mentale était entourée de mystère et de stigmatisation, et les troubles mentaux étaient mal compris. Les perceptions traditionnelles attribuaient souvent les maladies mentales à des déséquilibres des humeurs corporelles ou à des influences astrologiques, plutôt qu'à des causes physiologiques ou psychologiques. Les personnes souffrant de troubles mentaux étaient souvent marginalisées et considérées comme des parias de la société.

Les méthodes de traitement des maladies mentales étaient souvent inhumaines et parfois cruelles. Les patients étaient soumis à des traitements tels que la saignée, qui visait à rétablir l'équilibre des humeurs, mais qui était en réalité inefficace et souvent dangereuse. En outre, les patients étaient parfois enchaînés ou isolés dans des institutions, où ils étaient sujets à des conditions de vie déplorables et à des traitements abusifs.

L'approche de la société envers la santé mentale était teintée de stigmatisation et de peur, et les personnes atteintes de troubles mentaux étaient souvent considérées comme dangereuses ou imprévisibles. Cette perception contribuait à l'exclusion sociale et à la marginalisation des personnes souffrant de maladies mentales, les privant souvent de soins appropriés et de soutien.

L'Émergence des Nouvelles Théories sur la Santé Mentale

Le Rôle de la Psychiatrie

Au XIXe siècle, la compréhension de la santé mentale a connu des changements significatifs, principalement grâce au développement de la psychiatrie en tant que discipline médicale distincte. Cette période a été marquée par un intérêt croissant pour les aspects physiologiques des maladies mentales, marquant ainsi un éloignement progressif des explications traditionnelles basées sur des théories comme le déséquilibre des humeurs corporelles.

La psychiatrie, auparavant largement considérée comme une branche de la philosophie ou de la théologie, a commencé à évoluer vers une discipline médicale distincte avec des bases scientifiques plus solides. Des médecins pionniers, tels que Philippe Pinel en France et William Tuke en Angleterre, ont joué un rôle important dans ce processus en introduisant des approches plus humaines et empathiques pour le traitement des personnes atteintes de troubles mentaux.

Un aspect crucial de cette évolution a été l'accent mis sur l'observation clinique et l'analyse des symptômes des patients. Les médecins ont commencé à identifier des schémas récurrents dans les comportements et les expériences des personnes souffrant de troubles mentaux, cherchant à comprendre les mécanismes sous-jacents à ces affections.

Parallèlement à cela, des progrès ont été réalisés dans le domaine de la neurologie et de la physiologie, ce qui a permis aux médecins de mieux comprendre le fonctionnement du cerveau et son lien avec les processus mentaux. Des découvertes telles que celle des neurones par Santiago Ramón y Cajal ont ouvert de nouvelles perspectives sur la manière dont les maladies mentales pourraient être liées à des anomalies anatomiques ou à des dysfonctionnements dans le système nerveux.

L'Influence de la Psychanalyse

La psychanalyse, notamment à travers les travaux de Sigmund Freud, a eu un impact significatif sur la compréhension de la santé mentale. Freud, souvent considéré comme le père de la psychanalyse, a introduit des concepts révolutionnaires qui ont façonné la manière dont les médecins et les chercheurs ont abordé les troubles mentaux.

Freud a mis en avant la notion de l'inconscient, affirmant que de nombreux processus mentaux se déroulent en dehors de la conscience immédiate d'une personne et peuvent influencer son comportement de manière significative. Il a exploré les motivations et les conflits psychologiques profonds qui sous-tendent le comportement humain, en mettant l'accent sur l'importance des expériences infantiles et des relations interpersonnelles dans le développement de la personnalité et des troubles mentaux.

Les concepts freudiens tels que l'importance des rêves, la sexualité infantile et les mécanismes de défense ont ouvert de nouvelles perspectives sur la compréhension des troubles mentaux, en offrant des explications psychologiques et psychodynamiques pour les symptômes observés. Ces idées ont également influencé les approches thérapeutiques, donnant naissance à la psychanalyse comme méthode de traitement des troubles mentaux.

Bien que les idées de Freud aient suscité un certain scepticisme et des controverses à l'époque, elles ont néanmoins contribué de manière significative à l'évolution de la psychiatrie et de la psychologie. Ses travaux ont jeté les bases de la psychanalyse comme approche thérapeutique et ont influencé de nombreux aspects de la théorie et de la pratique en matière de santé mentale.

Les Théories sur la Santé Mentale et la Médecine Moderne

Les nouvelles théories sur la santé mentale ont eu un impact significatif sur la médecine moderne et la prise en charge des troubles mentaux.

- La reconnaissance des troubles mentaux : La psychiatrie a contribué à la reconnaissance des troubles mentaux en tant que véritables affections médicales, éliminant ainsi la stigmatisation.

- Les traitements plus humains : Les méthodes de traitement des maladies mentales sont devenues plus humaines, avec l'accent sur la thérapie et les approches psychologiques.

- La recherche en neurologie : Les avancées en neurologie ont permis de mieux comprendre les bases biologiques des troubles mentaux, ouvrant la voie à des traitements plus ciblés.

En conclusion, le XIXe siècle a été une période de transformation dans la compréhension et la prise en charge de la santé mentale. Les nouvelles théories sur la santé mentale ont contribué à éliminer la stigmatisation et ont ouvert la voie à des traitements plus humains et fondés sur des preuves.

Les Débuts de la Médecine Moderne en Asie, en Afrique et en Amérique Latine

Alors que l'Europe et l'Amérique du Nord étaient au cœur de nombreuses avancées médicales, l'Asie, l'Afrique et l'Amérique latine ont également joué un rôle essentiel dans l'évolution de la médecine moderne au XIXe siècle.

L'État de la Médecine dans les Régions Non-Occidentales au Début du XIXe Siècle

Au début du XIXe siècle, les régions non-occidentales avaient des systèmes médicaux et de guérison traditionnels riches et diversifiés. Ces systèmes étaient souvent basés sur des connaissances empiriques transmises de génération en génération.

- La médecine traditionnelle en Asie : L'Asie avait une longue tradition de médecine, avec des pratiques telles que l'acupuncture en Chine, l'ayurveda en Inde et la médecine traditionnelle japonaise.

- La médecine traditionnelle en Afrique : En Afrique, de nombreuses cultures avaient leurs propres pratiques de guérison, telles que l'utilisation de plantes médicinales et de rituels de guérison.

- La médecine traditionnelle en Amérique latine : Les peuples autochtones d'Amérique latine avaient des pratiques médicales traditionnelles basées sur la connaissance des plantes médicinales et des rituels spirituels.

L'Impact de la Colonisation et de l'Échange Culturel

Au XIXe siècle, la colonisation européenne a eu un impact significatif sur les systèmes de santé dans de nombreuses régions non-occidentales. Les traditions médicales locales ont souvent été supplantées par la médecine occidentale, mais il y a eu aussi un échange culturel et une adaptation de certaines pratiques.

- L'introduction de la médecine occidentale : Les puissances coloniales ont introduit la médecine occidentale dans les régions colonisées, y compris les hôpitaux et les écoles de médecine.

- L'adaptation des pratiques locales : Dans certains cas, les praticiens locaux ont intégré des éléments de la médecine occidentale dans leurs pratiques traditionnelles.

Les Contributions de l'Asie, de l'Afrique et de l'Amérique Latine à la Médecine Moderne

Malgré les défis posés par la colonisation, l'Asie, l'Afrique et l'Amérique latine ont apporté d'importantes contributions à la médecine moderne au XIXe siècle.

- Les découvertes en pharmacologie : De nombreuses plantes médicinales originaires de ces régions ont été étudiées et utilisées dans la médecine occidentale. Par exemple, la quinine, un médicament antipaludique extrait de l'écorce de quinquina en Amérique du Sud, a été largement adoptée.

- Les avancées en chirurgie : Les techniques chirurgicales traditionnelles, telles que la rhinoplastie pratiquée en Inde, ont influencé la chirurgie occidentale.

- La diversité des approches médicales : Les pratiques médicales traditionnelles ont offert des perspectives différentes sur la santé et la guérison, contribuant ainsi à la richesse de la médecine moderne.

Les Défis et les Opportunités

Au XIXe siècle, les régions non-occidentales ont dû naviguer entre la préservation de leurs traditions médicales et l'adoption de la médecine occidentale. Cette période a également été marquée par des défis liés à l'accès aux soins de santé et à la recherche médicale.

- L'accès aux soins de santé : L'accès aux soins de santé de qualité était souvent limité pour les populations locales, en particulier dans les zones colonisées.

- La recherche médicale : Les régions non-occidentales ont souvent été sous-représentées dans la recherche médicale mondiale, ce qui a limité la compréhension des maladies tropicales et d'autres affections spécifiques à ces régions.

En conclusion, le XIXe siècle a été une période de transition pour les systèmes de santé en Asie, en Afrique et en Amérique latine, marquée à la fois par l'impact de la colonisation européenne et par l'adaptation des traditions médicales locales. Les contributions de ces régions à la médecine moderne, notamment dans les domaines de la pharmacologie, de la chirurgie et de la diversité des approches médicales, ont enrichi la pratique médicale mondiale. Cependant, des défis persistaient en termes d'accès aux soins de santé et de recherche médicale.

Chapitre 5 : Le XXe Siècle : L'Ère de la Médecine Révolutionnaire

Les Avancées en Immunologie et en Génétique

Le XXe siècle a été une période extraordinaire pour la médecine, marquée par des avancées révolutionnaires en immunologie et en génétique.

L'Immunologie : La Science de la Défense Immunitaire

L'immunologie est la branche de la médecine qui étudie le système immunitaire, un réseau complexe d'organes, de cellules et de protéines qui travaille en harmonie pour protéger le corps contre les envahisseurs étrangers, tels que les bactéries, les virus et les cellules cancéreuses.

La Découverte des Anticorps

La découverte des anticorps a été une avancée majeure dans le domaine de l'immunologie au XXe siècle. Les anticorps, également appelés immunoglobulines, sont des protéines produites par le système immunitaire en réponse à la présence d'agents pathogènes tels que les bactéries, les virus et d'autres substances étrangères.

Les scientifiques ont mis au point des techniques pour isoler et caractériser ces protéines, permettant ainsi une meilleure compréhension de leur fonctionnement et de leur rôle dans la réponse immunitaire. La capacité des anticorps à reconnaître et à se lier spécifiquement à des cibles étrangères a conduit au développement de traitements immunologiques révolutionnaires, tels que la thérapie par anticorps monoclonaux. Ces traitements exploitent la capacité des anticorps à cibler sélectivement des cellules ou des protéines spécifiques impliquées dans les maladies, offrant ainsi des options de traitement plus précises et moins invasives pour un large éventail de conditions médicales, y compris le cancer, les maladies auto-immunes et les maladies infectieuses.

Les Pionniers de l'Immunologie

Cette découverte a été le fruit du travail de nombreux chercheurs et immunologistes au cours du siècle. Cependant, deux scientifiques éminents ont joué un rôle crucial dans la compréhension des mécanismes de défense du corps contre les infections : Paul Ehrlich et Ilya Metchnikoff.

- Paul Ehrlich, un immunologiste allemand, est célèbre pour avoir développé la théorie des anticorps et des cellules immunitaires. Il a proposé la notion de "thérapie sélective", selon laquelle des substances chimiques spécifiques pourraient cibler et détruire sélectivement les agents pathogènes tout en préservant les cellules saines. Cette idée a jeté les bases de la chimiothérapie moderne et a ouvert la voie au développement d'antibiotiques et d'autres médicaments antiparasitaires.

- Ilya Metchnikoff, un immunologiste russe, a mené des recherches novatrices sur les cellules immunitaires. Il a découvert les phagocytes, des cellules spécialisées capables d'ingérer et de détruire les agents pathogènes, un processus connu sous le nom de phagocytose. Cette découverte a révolutionné notre compréhension de la façon dont le corps combat les infections et a établi les fondements de l'immunologie moderne.

Les Avancées dans la Vaccination

D'importantes avancées ont également été réalisées dans le domaine de la vaccination, révolutionnant la prévention et le contrôle des maladies infectieuses. Les progrès scientifiques ont permis le développement de vaccins efficaces contre un large éventail de pathologies, notamment la poliomyélite, la rougeole et la grippe, parmi d'autres.

La mise au point de ces vaccins a été le fruit de recherches approfondies menées par des scientifiques du monde entier. Par exemple, le vaccin contre la poliomyélite a été développé par Jonas Salk et Albert Sabin dans les années 1950, mettant fin à une épidémie dévastatrice de cette maladie paralysante. De même, des chercheurs comme Maurice Hilleman ont contribué au développement de vaccins contre la rougeole, les oreillons et la rubéole, réduisant ainsi considérablement la prévalence de ces maladies.

Ces avancées ont eu un impact majeur sur la santé publique et les campagnes de vaccination de masse ont permis d'atteindre des taux élevés de couverture vaccinale, contribuant à l'éradication de certaines maladies et à la réduction de la morbidité et de la mortalité associées à d'autres.

La Génétique : La Clé de l'Hérédité

La génétique est l'étude de l'hérédité, des gènes et de la manière dont les caractéristiques biologiques sont transmises de génération en génération. Le XXe siècle a été marqué par des percées majeures en génétique qui ont eu un impact profond sur la médecine.

La Découverte de l'ADN

En 1953, James Watson et Francis Crick ont élucidé la structure en double hélice de l'ADN, une avancée révolutionnaire qui a ouvert de nouvelles perspectives dans la compréhension des mécanismes de l'hérédité et de la transmission des caractères génétiques.

Cette découverte a été réalisée grâce à l'utilisation de données expérimentales, notamment les travaux de Rosalind Franklin sur la diffraction des rayons X des fibres d'ADN. En combinant ces données avec leurs propres observations et modèles, Watson et Crick ont proposé un modèle en double hélice pour la structure de l'ADN, décrivant la manière dont les brins complémentaires s'enroulent autour les uns des autres pour former une structure stable.

Les répercussions ont été profondes, nous permettant de comprendre comment l'information génétique est stockée et transmise d'une génération à l'autre, ouvrant ainsi la voie à des avancées majeures dans la génétique et la biologie moléculaire. Cette découverte a également été cruciale pour le développement de nouvelles thérapies géniques et de diagnostics médicaux basés sur le séquençage de l'ADN.

La Génétique Médicale

Grâce à des techniques de séquençage de l'ADN de plus en plus sophistiquées, les chercheurs ont pu identifier les mutations génétiques responsables de nombreuses maladies héréditaires, telles que la mucoviscidose, la dystrophie musculaire et la maladie de Huntington. Cela a permis le développement de tests génétiques qui permettent de diagnostiquer ces maladies de manière précise et précoce, souvent avant même l'apparition des symptômes.

De plus, cela a ouvert la voie au développement de thérapies géniques et de traitements ciblés. Les thérapies géniques visent à corriger les mutations génétiques responsables de la maladie en modifiant ou remplaçant les gènes défectueux, tandis que les traitements ciblés utilisent des médicaments qui agissent spécifiquement sur les processus biologiques perturbés par ces mutations.

La première application réussie de thérapie génique chez l'homme a été réalisée dans les années 1990 par une équipe de médecins dirigée par le Dr. Alain Fischer, un éminent immunologiste français, et le Dr. Michael Blaese, un médecin américain spécialisé en génétique moléculaire. Cette prouesse médicale a été réalisée pour traiter une forme rare de déficience immunitaire sévère, appelée déficit immunitaire combiné sévère (SCID), également connue sous le nom de « syndrome du bébé bulle ».

Le traitement a consisté à introduire un gène sain dans les cellules immunitaires déficientes des patients atteints de SCID. Pour ce faire, les médecins ont utilisé un vecteur viral pour transporter le gène normal dans les cellules. Une fois à l'intérieur, le gène a été intégré dans le génome des cellules, permettant ainsi aux patients de produire des cellules immunitaires fonctionnelles. Cette approche a restauré leur système immunitaire et a permis aux patients de vivre sans la nécessité de vivre dans un environnement stérile ou d'isolation, comme c'était le cas auparavant.

Depuis lors, plusieurs traitements géniques ont été développés et approuvés pour des maladies telles que la dystrophie musculaire de Duchenne et la rétinite pigmentaire. Ces traitements ont souvent été utilisés en dernier recours pour des patients atteints de maladies graves jusqu'alors considérées comme incurables ou pour lesquelles les options thérapeutiques traditionnelles étaient limitées.

Le Lien Entre l'Immunologie et la Génétique

Au cours du XXe siècle, il est devenu de plus en plus évident que l'immunologie et la génétique étaient étroitement liées, le système immunitaire utilisant des informations génétiques pour distinguer les cellules du corps des envahisseurs étrangers.

Les Antigènes et les Récepteurs

Une compréhension plus approfondie des interactions entre les antigènes et les récepteurs des cellules immunitaires a été acquise, ouvrant la voie à des avancées majeures dans le domaine de l'immunologie. Les antigènes sont des substances étrangères, telles que des protéines ou des fragments de protéines, qui déclenchent une réponse immunitaire de l'organisme. Les cellules immunitaires, telles que les lymphocytes, portent des récepteurs de surface qui reconnaissent spécifiquement ces antigènes.

La clé de cette reconnaissance réside dans les informations génétiques codées dans les gènes des récepteurs. Au cours du XXe siècle, des chercheurs ont identifié les gènes responsables de la production de ces récepteurs et ont étudié leur diversité et leur fonctionnement. Ils ont découvert que les lymphocytes étaient équipés d'une vaste gamme de récepteurs, chacun capable de reconnaître un antigène spécifique.

Cette diversité des récepteurs permet au système immunitaire de reconnaître et de combattre une grande variété de pathogènes et de substances étrangères. De plus, des avancées technologiques telles que la génomique ont permis de cartographier les répertoires complets de récepteurs des cellules immunitaires, ouvrant de nouvelles voies pour la compréhension des réponses immunitaires et le développement de thérapies immunologiques personnalisées.

Les Maladies Auto-Immunes

Les maladies auto-immunes sont devenues un domaine d'étude et de préoccupation majeur en médecine. Ces conditions, telles que le lupus érythémateux systémique et la sclérose en plaques, se caractérisent par une dysfonction du système immunitaire, qui commence à attaquer et à endommager les propres tissus et organes du corps.

La compréhension des mécanismes sous-jacents aux maladies auto-immunes a été une avancée significative de la médecine du XXe siècle. Des chercheurs ont découvert que des facteurs génétiques jouent un rôle crucial dans la prédisposition à ces affections. Certaines personnes héritent de variants génétiques qui les rendent plus susceptibles de développer des maladies auto-immunes.

Parallèlement aux facteurs génétiques, des déclencheurs environnementaux et des perturbations du système immunitaire peuvent déclencher ou aggraver les maladies auto-immunes chez les individus prédisposés. Ces déclencheurs peuvent inclure des infections virales ou bactériennes, des expositions environnementales à des toxines et des agents chimiques, ainsi que des stress émotionnels ou physiques.

Les progrès dans la compréhension des mécanismes immunologiques impliqués dans les maladies auto-immunes ont conduit au développement de nouvelles approches de traitement visant à moduler ou à supprimer la réponse immunitaire dysfonctionnelle. Les corticostéroïdes, les immunosuppresseurs et les thérapies biologiques sont parmi les options de traitement utilisées pour contrôler l'inflammation et atténuer les symptômes associés aux maladies auto-immunes.

Les Traitements Immunologiques Personnalisés

La découverte et la compréhension des variations génétiques chez les individus ont permis aux chercheurs de développer des thérapies qui ciblent spécifiquement les mécanismes sous-jacents des maladies, notamment les maladies auto-immunes, les cancers et les maladies génétiques. En utilisant des techniques de séquençage génétique avancées, les médecins peuvent désormais identifier les mutations génétiques et les biomarqueurs spécifiques associés à chaque maladie.

Sur la base de ces informations génétiques, les traitements immunologiques personnalisés peuvent être conçus pour cibler les anomalies génétiques spécifiques responsables de la maladie chez chaque patient. Cela peut inclure l'utilisation de thérapies ciblées telles que l'immunothérapie, qui renforce le système immunitaire pour cibler et détruire les cellules cancéreuses, ou des thérapies géniques qui corrigent les mutations génétiques responsables de maladies héréditaires.

Un exemple notable de traitement immunologique personnalisé est la thérapie CAR-T (chimeric antigen receptor T-cell therapy) utilisée dans le traitement de certains cancers du sang, tels que la leucémie lymphoblastique aiguë. Cette thérapie consiste à prélever les propres cellules immunitaires du patient, à les modifier génétiquement en laboratoire pour qu'elles ciblent spécifiquement les cellules cancéreuses, puis à les réinjecter dans le corps du patient pour attaquer le cancer.

En conclusion, l'immunologie et la génétique ont profondément transformé la médecine moderne. L'immunologie a permis de comprendre la façon dont le système immunitaire protège le corps contre les infections, tandis que la génétique a révélé les secrets de l'hérédité et a ouvert la voie à des traitements révolutionnaires. Les liens entre ces deux domaines sont de plus en plus évidents, offrant des opportunités pour des traitements personnalisés et une meilleure compréhension des maladies.

Les Progrès de la Radiologie et de l'Imagerie Médicale

Le XXe siècle a été une période de transformation remarquable dans le domaine de la médecine, et l'une des avancées les plus révolutionnaires a été celle de la radiologie et de l'imagerie médicale.

Les Débuts de la Radiologie : La Découverte des Rayons X

La découverte des rayons X par Wilhelm Conrad Roentgen en 1895 marque un tournant majeur dans l'histoire de la médecine.

Roentgen, un physicien allemand travaillant à l'Université de Würzburg, a fait cette découverte de manière fortuite alors qu'il menait des expériences avec des tubes à vide dans son laboratoire. Il a remarqué que lorsqu'il faisait passer un courant électrique à travers un tube à vide contenant des électrodes, un écran fluorescent placé à proximité émettait de la lumière. Curieusement, même lorsque le tube était enveloppé dans du papier noir, l'écran continuait à s'illuminer. Roentgen a réalisé que cela ne pouvait être dû à aucune forme connue de lumière visible.

Il a ensuite placé divers objets entre le tube et l'écran fluorescent et a constaté que certains matériaux étaient transparents à ces rayons nouvellement découverts, alors que d'autres matériaux les bloquaient partiellement ou complètement. Ce faisant, Roentgen a créé la première radiographie de l'histoire, montrant les os de la main de sa femme.

La découverte des rayons X a suscité un grand intérêt dans le monde entier et a valu à Roentgen le tout premier prix Nobel de physique en 1901. Elle a ouvert de vastes possibilités dans le domaine médical. Pour la première fois dans l'histoire de la médecine, les médecins ont eu la possibilité de voir à l'intérieur du corps sans avoir à pratiquer une intervention chirurgicale. La radiographie est rapidement devenue l'une des premières applications médicales des rayons X. Elle a permis de détecter diverses conditions médicales, telles que les fractures osseuses, les tumeurs, les infections et d'autres affections internes. Cette capacité à visualiser les structures internes du corps a grandement amélioré la capacité des médecins à diagnostiquer et à traiter efficacement les patients. Cela a ainsi révolutionné les diagnostics et les traitements médicaux, ouvrant la voie à des avancées majeures dans de nombreux domaines de la médecine.

L'Évolution de l'Imagerie Médicale : Des Rayons X aux Techniques Avancées

L'imagerie médicale a ensuite connu une évolution spectaculaire avec le développement de nouvelles techniques et technologies.

La Tomographie Axiale Calculée (TAC)

La tomographie axiale calculée (TAC), également connue sous le nom de tomodensitométrie (TDM), a été introduite dans les années 1970. Cette technologie repose sur le principe de l'utilisation de rayons X, mais elle va bien au-delà des techniques radiographiques conventionnelles. Au lieu de produire une seule image plane, la TAC utilise un faisceau de rayons X qui tourne autour du patient, capturant des images à plusieurs angles. Ces images sont ensuite traitées par un ordinateur pour reconstruire des coupes transversales fines du corps.

Cette capacité à visualiser le corps en trois dimensions a révolutionné le diagnostic médical. Grâce à la TAC, les médecins peuvent désormais détecter et localiser avec précision une gamme étendue de conditions médicales, telles que les tumeurs, les accidents vasculaires cérébraux, les fractures osseuses, les maladies cardiaques, les lésions internes, et bien plus encore. En plus de fournir des informations détaillées sur la structure anatomique, la TAC permet également d'évaluer la densité des tissus et de différencier entre les tissus sains et pathologiques. L'introduction de la TAC a ainsi considérablement amélioré la capacité des médecins à poser des diagnostics précis et rapides, permettant ainsi un traitement plus efficace et une meilleure prise en charge des patients.

Au fil des décennies, la technologie de la TAC n'a cessé de s'améliorer, avec des scanners de plus en plus rapides, des images de meilleure qualité et des fonctionnalités avancées telles que la tomodensitométrie en spirale et la tomodensitométrie à double source. Aujourd'hui, la TAC reste une modalité d'imagerie essentielle dans les hôpitaux et les cliniques du monde entier, jouant un rôle crucial dans le diagnostic et le suivi de nombreuses affections médicales.

L'imagerie par Résonance Magnétique (IRM)

L'imagerie par résonance magnétique (IRM) a été inventée dans les années 1980, cette technologie révolutionnaire utilisant des champs magnétiques puissants et des ondes radio pour produire des images détaillées des tissus mous du corps humain, y compris le cerveau, les muscles et les organes internes.

L'IRM repose sur les propriétés des atomes d'hydrogène présents dans le corps humain. Lorsque soumis à un champ magnétique intense, ces atomes s'alignent avec ce champ. Ensuite, des ondes radio sont utilisées pour perturber cet alignement. Lorsque les atomes reviennent à leur état d'alignement initial, ils émettent des signaux détectés par un scanner IRM. Ces signaux sont ensuite interprétés par un ordinateur pour créer des images en coupe transversale du corps.

L'avantage principal de l'IRM réside dans sa capacité à produire des images très détaillées des tissus mous, offrant ainsi une visualisation sans précédent des structures anatomiques internes. Cette capacité en fait un outil extrêmement précieux pour le diagnostic et le suivi de nombreuses affections médicales, notamment les tumeurs, les maladies neurologiques, les lésions musculaires, les troubles articulaires, et bien d'autres.

De plus, l'IRM ne nécessite pas l'utilisation de rayons X ionisants, ce qui en fait une technique d'imagerie sûre et non invasive. Cela en fait un choix idéal pour l'imagerie des enfants, des femmes enceintes et des patients souffrant de conditions médicales sensibles aux radiations.

Depuis son invention dans les années 1980, la technologie de l'IRM n'a cessé de s'améliorer, avec des scanners de plus en plus puissants et des techniques d'imagerie plus avancées, telles que l'IRM fonctionnelle (IRMf) qui permet d'étudier l'activité cérébrale en temps réel.

L'Échographie

L'échographie repose sur l'utilisation d'ondes sonores à haute fréquence pour produire des images en temps réel des organes internes, du fœtus et d'autres structures du corps humain.

L'échographie fonctionne selon le principe de l'échographie sonar. Un transducteur émet des ondes sonores à haute fréquence dans le corps, qui sont ensuite réfléchies par les tissus internes. Les ondes réfléchies sont captées par le même transducteur et converties en images visibles sur un écran d'ordinateur en temps réel.

L'un des avantages majeurs de l'échographie est son caractère non invasif et sans radiation. Contrairement aux rayons X et à d'autres modalités d'imagerie qui utilisent des radiations ionisantes potentiellement nocives, l'échographie est considérée comme sûre et peut être utilisée chez les patients de tous âges, y compris les femmes enceintes.

L'échographie est largement utilisée dans de nombreux domaines de la médecine. En obstétrique, elle est utilisée pour surveiller la croissance et le développement du fœtus pendant la grossesse, ainsi que pour diagnostiquer d'éventuelles anomalies fœtales. Dans d'autres spécialités médicales, elle est utilisée pour examiner les organes abdominaux, le cœur, les vaisseaux sanguins, les muscles et les articulations, permettant ainsi de diagnostiquer et de surveiller un large éventail de conditions médicales.

Au fil des décennies, la technologie de l'échographie s'est considérablement améliorée, avec des appareils de plus en plus compacts, portables et dotés de fonctionnalités avancées telles que la Doppler, qui permet d'évaluer le flux sanguin dans les vaisseaux.

Applications de la Radiologie et de l'Imagerie Médicale

Les techniques d'imagerie médicale ont eu un impact profond sur de nombreux aspects de la médecine, du diagnostic à la planification des traitements.

Le Diagnostic Précoce des Maladies

Les images radiologiques ont joué un rôle crucial dans la détection précoce de nombreuses maladies. Elles permettent aux médecins de visualiser les structures internes du corps humain, offrant ainsi des informations précieuses sur d'éventuelles anomalies ou changements pathologiques. Par exemple, les radiographies peuvent révéler des signes précoces de cancer, tels que des masses tumorales ou des lésions osseuses suspectes. De même, la TDM et l'IRM fournissent des images détaillées des organes internes, permettant la détection précoce de tumeurs, de lésions vasculaires et d'autres affections.

En ce qui concerne les maladies cardiaques, l'imagerie médicale joue un rôle essentiel dans l'évaluation de la structure et de la fonction du cœur. Les techniques telles que l'échocardiographie et l'IRM cardiaque permettent de détecter précocement des anomalies cardiaques telles que les cardiomyopathies, les malformations congénitales et les maladies valvulaires, ce qui permet une intervention précoce et une prise en charge appropriée.

De plus, l'imagerie prénatale, notamment l'échographie, est utilisée pour détecter précocement les anomalies congénitales chez le fœtus. Les échographies réalisées pendant la grossesse permettent de diagnostiquer des anomalies structurelles telles que les malformations du cerveau, du cœur, de la colonne vertébrale et d'autres organes, ce qui peut orienter les décisions médicales et le counseling génétique.

Le Suivi des Traitements

L'utilisation de l'imagerie médicale pour le suivi des traitements est devenue une pratique courante et essentielle dans la gestion des maladies. Dans le cas du cancer, par exemple, l'imagerie est utilisée pour évaluer la taille et l'étendue des tumeurs, ainsi que pour détecter la présence de métastases. Les médecins peuvent utiliser des scans réguliers, tels que des TDM ou des IRM, pour suivre l'évolution de la maladie au fil du temps et pour évaluer la réponse aux traitements tels que la chimiothérapie, la radiothérapie ou la chirurgie. Les changements observés sur les images permettent aux médecins d'ajuster les interventions médicales, de modifier les protocoles de traitement si nécessaire et d'adapter les soins en fonction de la réponse individuelle du patient.

De même, dans le domaine des maladies cardiovasculaires, l'imagerie médicale joue un rôle crucial dans le suivi des traitements. Par exemple, l'échocardiographie est utilisée pour évaluer la fonction cardiaque et la structure du cœur chez les patients atteints de maladies cardiaques. Les images obtenues permettent aux médecins de surveiller les changements dans la fonction cardiaque au fil du temps, d'identifier les complications éventuelles et de déterminer l'efficacité des médicaments ou des procédures telles que la chirurgie cardiaque ou l'angioplastie.

En outre, dans le domaine de la médecine obstétrique, l'échographie est utilisée pour surveiller le développement du fœtus pendant la grossesse et pour détecter d'éventuelles complications telles que le retard de croissance intra-utérin ou les malformations congénitales. Les images échographiques permettent aux médecins d'évaluer la santé du fœtus, de surveiller la progression de la grossesse et de prendre des décisions médicales appropriées pour assurer la meilleure issue possible pour la mère et l'enfant.

La Planification Chirurgicale

L'utilisation d'images en trois dimensions pour la planification chirurgicale a été une avancée révolutionnaire dans le domaine de la médecine, permettant aux chirurgiens d'avoir une vision plus précise et détaillée de l'anatomie des patients.

Grâce à ces images en 3D, les chirurgiens peuvent visualiser les structures anatomiques avec une profondeur et une clarté sans précédent, ce qui leur permet de mieux comprendre la nature exacte de la maladie ou de l'anomalie à traiter. Par exemple, dans le cas de tumeurs cérébrales ou de malformations cardiaques, les images en 3D permettent aux chirurgiens d'évaluer la localisation, la taille et la relation avec les structures environnantes, ce qui est essentiel pour planifier l'approche chirurgicale la plus appropriée.

En outre, les images en 3D sont souvent utilisées pour simuler des procédures chirurgicales avant leur exécution réelle. Les chirurgiens peuvent utiliser des logiciels de simulation avancés pour pratiquer virtuellement l'intervention, explorer différentes stratégies chirurgicales et anticiper d'éventuelles complications, ce qui leur permet de planifier de manière proactive les étapes de l'opération et de prendre des décisions éclairées.

Cette approche de planification préopératoire permet aux chirurgiens de minimiser les risques associés aux interventions chirurgicales complexes, d'améliorer la précision et l'efficacité des procédures, et de maximiser les chances de succès. De plus, en ayant une compréhension approfondie de l'anatomie et de la pathologie du patient avant l'intervention, les chirurgiens peuvent réduire le temps opératoire, minimiser les dommages aux tissus sains environnants et favoriser une récupération plus rapide et moins douloureuse pour le patient.

Les Défis et les Innovations Futures

Malgré les incroyables avancées, l'imagerie médicale continue d'évoluer avec de nouveaux défis et innovations.

Les Doses de Rayonnement

L'une des préoccupations majeures associées à ces techniques d'imagerie est l'exposition des patients aux doses de rayonnement ionisant. La radiographie conventionnelle utilise des rayons X pour produire des images des structures internes du corps, tandis que la TDM implique l'utilisation de rayons X pour générer des images en coupes transversales du corps. Ces rayons X, bien qu'extrêmement utiles dans le diagnostic médical, peuvent être nocifs pour les tissus biologiques à des doses élevées.

La gestion prudente des doses de rayonnement est donc essentielle pour garantir la sécurité des patients. Les professionnels de la santé doivent suivre des protocoles stricts pour limiter l'exposition aux rayonnements tout en obtenant des images diagnostiques de qualité. Cela comprend l'utilisation de techniques de réduction de dose telles que l'optimisation des paramètres d'exposition, l'utilisation de techniques d'imagerie avancées pour réduire la quantité de rayonnement nécessaire, et l'utilisation de protections telles que des tabliers plombés pour minimiser l'exposition des parties du corps qui ne nécessitent pas d'imagerie.

De plus, les doses de rayonnement doivent être adaptées en fonction des besoins individuels de chaque patient, en prenant en compte des facteurs tels que l'âge, le sexe, la taille, et la sensibilité aux radiations. Les femmes enceintes et les enfants, par exemple, sont plus sensibles aux effets néfastes des rayonnements ionisants, ce qui nécessite une prudence accrue lors de l'utilisation de techniques d'imagerie médicale chez ces populations.

Les avancées technologiques ont également permis de réduire les doses de rayonnement tout en maintenant la qualité diagnostique des images. Des techniques telles que la tomodensitométrie à faible dose et la radiographie numérique ont été développées pour réduire l'exposition aux rayonnements sans compromettre la précision diagnostique.

L'imagerie en Temps Réel

L'imagerie en temps réel pendant les interventions chirurgicales permet aux chirurgiens de visualiser directement les structures internes du corps en action, ce qui leur donne des informations précieuses et en temps réel sur la localisation, la taille, la forme et la relation des organes et des tissus. Cela peut être particulièrement utile dans les procédures chirurgicales complexes où une précision maximale est nécessaire pour éviter les dommages aux tissus sains environnants et maximiser l'efficacité de l'intervention.

Plusieurs technologies ont été développées pour permettre l'imagerie en temps réel pendant la chirurgie. Parmi celles-ci, on peut citer l'échographie intra-opératoire, qui utilise des sondes échographiques spéciales pour visualiser les organes internes pendant la chirurgie. L'échographie en temps réel permet aux chirurgiens de guider leurs gestes chirurgicaux en direct, ce qui peut être particulièrement utile dans les procédures mini-invasives et les interventions à risque élevé.

D'autres avancées comprennent l'utilisation de la fluoroscopie, une technique d'imagerie en temps réel utilisant des rayons X, et l'imagerie par résonance magnétique intra-opératoire (IRMi), qui permet une visualisation directe des tissus mous pendant la chirurgie. Ces technologies offrent aux chirurgiens une perspective en temps réel des structures internes, ce qui peut améliorer la précision des gestes chirurgicaux, réduire les complications et améliorer les résultats pour les patients.

En conclusion, le XXe siècle a été témoin de la révolution de la radiologie et de l'imagerie médicale, transformant la manière dont les médecins diagnostiquent, traitent et surveillent les maladies. De la découverte fortuite des rayons X à l'IRM et à l'échographie modernes, ces avancées ont ouvert un monde fascinant d'exploration médicale.

Les Découvertes Majeures en Matière de Médicaments et de Vaccins

Le XXe siècle a été une époque extraordinaire pour la médecine, marquée par d'incroyables découvertes en matière de médicaments et de vaccins.

Les Premiers Pas dans la Recherche de Médicaments

Au début du XXe siècle, la recherche de médicaments était encore dans ses balbutiements. Les médecins et les chercheurs se fiaient souvent à des remèdes traditionnels et à des traitements empiriques. Cependant, l'avancée de la science et de la technologie a ouvert la voie à une ère de découverte de médicaments plus systématique.

La Découverte de l'Insuline

Frederick Banting, un chirurgien canadien, et Charles Best, un étudiant diplômé en physiologie, ont entrepris des recherches à l'Université de Toronto dans le but de trouver un moyen de traiter le diabète. Ils ont basé leurs travaux sur l'hypothèse que le pancréas sécrète une substance capable de réguler le taux de sucre dans le sang.

En utilisant des chiens comme modèle de recherche, Banting et Best ont réussi à extraire un extrait pancréatique qui, lorsqu'il était injecté chez des animaux diabétiques, était capable de normaliser leur glycémie. Cette substance, qu'ils ont nommée insuline, a rapidement attiré l'attention de la communauté scientifique pour son potentiel dans le traitement du diabète.

Les premiers essais cliniques de l'insuline chez les patients diabétiques ont été réalisés avec succès en 1922, marquant le début d'une nouvelle ère dans le traitement du diabète. Avant la découverte de l'insuline, le diabète était une maladie mortelle, souvent fatale en quelques années après le diagnostic. L'insuline a permis aux personnes atteintes de diabète de type 1 de survivre et de mener une vie relativement normale.

L'impact de la découverte de l'insuline sur la santé publique mondiale a été immense. Non seulement elle a sauvé d'innombrables vies, mais elle a également ouvert la voie à de nouvelles recherches sur le diabète et les hormones pancréatiques. Les scientifiques ont continué à perfectionner les techniques de production d'insuline, passant des extraits pancréatiques initiaux à la production synthétique d'insuline, ce qui a permis d'accroître la disponibilité de ce médicament vital.

Les Antibiotiques

En 1928, Alexander Fleming, un microbiologiste écossais travaillant avec des cultures de bactéries, a remarqué qu'une moisissure de type Penicillium, présente dans son laboratoire, avait inhibé la croissance de certaines bactéries environnantes. Il a identifié cette substance comme étant la pénicilline, qui s'est avérée être un agent antibactérien efficace.

Cette découverte a ouvert la voie à une recherche intensive sur les antibiotiques et à leur utilisation généralisée dans le traitement des infections bactériennes. Dans les années qui ont suivi, des scientifiques tels que Howard Florey et Ernst Boris Chain ont réalisé des progrès significatifs dans la production et l'utilisation clinique de la pénicilline, permettant ainsi de traiter avec succès des maladies telles que la pneumonie, la syphilis, et les infections cutanées.

L'avènement des antibiotiques a transformé la pratique médicale en permettant de traiter efficacement les infections bactériennes qui étaient autrefois incurables ou mortelles. Les antibiotiques ont réduit le taux de mortalité associé aux infections bactériennes et ont permis des interventions chirurgicales plus sûres en prévenant les infections post-opératoires.

Cependant, l'utilisation généralisée et parfois inappropriée des antibiotiques a également conduit à l'émergence de la résistance bactérienne, un problème de santé publique majeur au XXIe siècle. La surutilisation des antibiotiques a favorisé le développement de souches bactériennes résistantes, rendant certains antibiotiques moins efficaces voire totalement inefficaces dans le traitement des infections.

Les Antirétroviraux

L'épidémie de VIH/sida a émergé au début des années 1980 et a rapidement pris une ampleur mondiale, posant un défi majeur à la santé publique et à la communauté médicale. Les premiers traitements étaient principalement axés sur la gestion des symptômes et des complications liées au sida, mais n'avaient que peu d'effet sur la progression de la malade elle-même.

Cependant, dans les années 1980 et 1990, la recherche médicale a abouti à la découverte des antirétroviraux, des médicaments capables de bloquer la réplication du VIH dans le corps. Les antirétroviraux agissent en ciblant différentes étapes du cycle de vie du virus, ce qui réduit sa charge virale et permet de ralentir la progression de la maladie.

L'introduction des trithérapies, qui combinent plusieurs antirétroviraux, a marqué un tournant décisif dans le traitement du VIH/sida. Ces traitements ont permis de maintenir la charge virale à des niveaux indétectables chez de nombreux patients, ce qui a considérablement amélioré leur qualité de vie et augmenté leur espérance de vie.

Les antirétroviraux ont également joué un rôle crucial dans la prévention de la transmission du VIH de la mère à l'enfant pendant la grossesse et l'accouchement, contribuant ainsi à réduire considérablement le nombre de nouvelles infections chez les nourrissons nés de mères infectées.

Cependant, malgré les progrès réalisés grâce aux antirétroviraux, des défis persistent, notamment l'accessibilité à ces médicaments dans les régions les plus touchées par l'épidémie et l'émergence de souches résistantes du virus. Néanmoins, les antirétroviraux demeurent un pilier fondamental de la prise en charge du VIH/sida et ont transformé une maladie autrefois mortelle en une maladie chronique gérable pour de nombreuses personnes infectées.

Les Vaccins : Prévention Efficace des Maladies Infectieuses

Les vaccins ont été l'un des outils les plus puissants pour prévenir les maladies infectieuses au XXe siècle, en stimulant le système immunitaire à produire une réponse protectrice contre un agent pathogène spécifique, préparant ainsi le corps à lutter contre l'infection.

La Vaccination Contre la Polio

Le vaccin antipoliomyélitique de Jonas Salk, introduit en 1955, était un vaccin inactivé, administré par injection. Ce vaccin a été le premier à être largement utilisé dans les campagnes de vaccination de masse, et son efficacité a été rapidement confirmée. Il a permis de réduire considérablement l'incidence de la polio dans de nombreuses régions du monde, contribuant ainsi à prévenir de nombreuses infections et à sauver des vies.

Plus tard, dans les années 1960, Albert Sabin a développé un vaccin oral à virus vivant atténué, qui était plus facile à administrer et à distribuer dans les campagnes de vaccination de masse, ce qui a contribué à accélérer les efforts d'éradication de la maladie.

Grâce à l'utilisation combinée de ces deux vaccins, ainsi qu'à des programmes de vaccination intensifs, la poliomyélite a été éradiquée dans de nombreuses régions du monde industrialisé. Cependant, malgré ces succès, l'éradication totale de la polio reste un défi en raison de divers obstacles tels que les conflits armés, les difficultés d'accès aux populations vulnérables et la résistance communautaire à la vaccination.

La Vaccination Contre la Rougeole, les Oreillons et la Rubéole

Introduit dans les années 1960, le vaccin ROR a permis de pratiquement éliminer ces maladies dans de nombreux pays industrialisés. Avant le développement du vaccin ROR, la rougeole, les oreillons et la rubéole étaient des maladies courantes de l'enfance, entraînant souvent des complications graves telles que la pneumonie, l'encéphalite et la surdité. Ces maladies étaient particulièrement préoccupantes en raison de leur nature hautement contagieuse et de leur capacité à provoquer des épidémies importantes. Le vaccin ROR combine les antigènes contre la rougeole, les oreillons et la rubéole en une seule injection, offrant une protection efficace contre les trois maladies. Son introduction dans les programmes de vaccination infantile et les campagnes de vaccination de masse ont permis de réduire considérablement l'incidence de ces maladies et de leurs complications associées.

Les Vaccins Contre l'Hépatite B et le Papillomavirus Humain (HPV)

Le vaccin contre l'hépatite B a été introduit dans les années 1980 et a été largement adopté dans les programmes de vaccination dans de nombreux pays. L'hépatite B est une infection virale qui peut provoquer une inflammation chronique du foie, conduisant éventuellement à des complications graves telles que la cirrhose et le cancer du foie. En vaccinant contre l'hépatite B, on prévient non seulement l'infection aiguë, mais on réduit également le risque de développer des complications à long terme, y compris le cancer du foie.

De même, le vaccin contre le papillomavirus humain (HPV) a été développé pour prévenir les infections causées par certains types de HPV, qui sont des virus sexuellement transmissibles. Certains types de HPV sont connus pour augmenter le risque de développer des cancers, en particulier le cancer du col de l'utérus chez les femmes. Le vaccin contre l'HPV, introduit dans les années 2000, vise à protéger contre ces types de HPV associés au cancer du col de l'utérus, ainsi qu'à d'autres cancers liés au HPV, tels que le cancer de l'anus, du vagin, du pénis et de la gorge.

Ces vaccins sont généralement administrés pendant l'enfance ou l'adolescence, avant l'exposition potentielle aux virus, pour assurer une protection maximale. Leur utilisation généralisée dans les programmes de vaccination a eu un impact significatif sur la prévalence de l'hépatite B et du HPV, réduisant ainsi le fardeau des maladies associées, y compris le cancer.

Le Développement de Médicaments Contre les Maladies Chroniques

Le XXe siècle a également été marqué par le développement de médicaments qui ont transformé le traitement des maladies chroniques.

Les Médicaments Contre l'Hypertension

Le traitement de l'hypertension artérielle a connu une évolution significative dans les années 1980 et 1990 grâce au développement des inhibiteurs de l'enzyme de conversion de l'angiotensine (IEC) et des antagonistes des récepteurs de l'angiotensine (ARA). Les IEC et les ARA agissent en ciblant le système rénine-angiotensine-aldostérone (SRAA), qui joue un rôle crucial dans la régulation de la pression artérielle. Le SRAA est impliqué dans la vasoconstriction, la rétention de sodium et d'eau, et la stimulation de la croissance cellulaire vasculaire, tous des mécanismes qui contribuent à l'augmentation de la pression artérielle chez les personnes hypertendues.

Les inhibiteurs de l'enzyme de conversion de l'angiotensine (IEC), tels que l'énalapril et le lisinopril, bloquent l'enzyme de conversion de l'angiotensine (ECA), qui convertit l'angiotensine I en angiotensine II, une hormone vasoconstrictrice. En inhibant cette enzyme, les IEC réduisent la production d'angiotensine II, entraînant une vasodilatation des vaisseaux sanguins et une baisse de la pression artérielle.

Les antagonistes des récepteurs de l'angiotensine (ARA), tels que le losartan et le valsartan, agissent en bloquant les récepteurs de l'angiotensine II, empêchant ainsi son action vasoconstrictrice. Cette action provoque également une vasodilatation des vaisseaux sanguins et une diminution de la pression artérielle.

L'introduction des IEC et des ARA a été une avancée majeure dans le traitement de l'hypertension artérielle. Ces médicaments offrent plusieurs avantages par rapport aux traitements antérieurs, tels que les diurétiques et les bêta-bloquants, notamment une meilleure tolérance et une réduction du risque d'effets secondaires indésirables. En plus de leur efficacité dans le traitement de l'hypertension artérielle, les IEC et les ARA ont également démontré des bénéfices supplémentaires dans la prévention des complications cardiovasculaires, telles que les crises cardiaques, les accidents vasculaires cérébraux et l'insuffisance cardiaque.

Les Médicaments Contre le Cholestérol

Les années 1950 ont marqué le début des efforts pour développer des médicaments visant à abaisser les niveaux de cholestérol dans le sang. Les premiers médicaments de cette classe étaient les résines échangeuses d'ions, qui agissaient en se liant aux acides biliaires dans le tractus intestinal, empêchant ainsi leur réabsorption et conduisant à une diminution du cholestérol sanguin.

Dans les années 1980, les statines ont été introduites, représentant une avancée significative dans le traitement du cholestérol élevé. Les statines agissent en inhibant une enzyme appelée HMG-CoA réductase, qui est impliquée dans la synthèse du cholestérol dans le foie. En réduisant la production de cholestérol endogène, les statines permettent de diminuer efficacement les niveaux de cholestérol dans le sang. Les statines ont été largement étudiées et ont démontré leur efficacité dans la réduction du risque de maladies cardiovasculaires, y compris les crises cardiaques et les accidents vasculaires cérébraux. Elles ont également des effets bénéfiques sur la santé vasculaire, tels que la stabilisation des plaques d'athérome et la réduction de l'inflammation.

Au fil des décennies, de nouveaux médicaments contre le cholestérol ont été développés pour compléter l'action des statines ou pour les patients qui ne peuvent pas tolérer les statines en raison d'effets secondaires. Parmi ceux-ci figurent les inhibiteurs de l'absorption du cholestérol, qui bloquent l'absorption intestinale du cholestérol, et les inhibiteurs de la PCSK9, qui augmentent la clairance du cholestérol LDL du sang.

Les Médicaments Contre le Cancer

Au cours du XXe siècle, le développement de médicaments contre le cancer a été une entreprise complexe et évolutive, marquée par des avancées significatives qui ont révolutionné la prise en charge de cette maladie.

Parmi ces avancées, le développement de médicaments ciblés conçus pour interférer spécifiquement avec les mécanismes de croissance et de propagation des cellules cancéreuses, tout en minimisant les dommages aux cellules saines, a ouvert de nouvelles perspectives. Ils agissent en ciblant des molécules spécifiques impliquées dans la progression tumorale, telles que les récepteurs de facteurs de croissance ou les protéines de signalisation intracellulaire. Par exemple, les inhibiteurs de tyrosine kinase, comme l'imatinib, ont été développés pour cibler spécifiquement les cellules leucémiques exprimant une protéine anormalement activée, appelée BCR-ABL, responsable de la leucémie myéloïde chronique.

D'autre part, l'immunothérapie, une approche visant à stimuler le système immunitaire pour combattre le cancer, a émergé. Les immunothérapies peuvent inclure l'utilisation d'anticorps monoclonaux, qui ciblent spécifiquement les protéines exprimées à la surface des cellules cancéreuses, ou de thérapies cellulaires, telles que les cellules CAR-T, qui sont conçues pour cibler et détruire sélectivement les cellules cancéreuses. Par exemple, les inhibiteurs de points de contrôle immunitaire, comme le pembrolizumab et le nivolumab, ont été développés pour bloquer les mécanismes qui permettent aux cellules cancéreuses d'échapper à la détection par le système immunitaire.

Ces avancées dans le développement de médicaments contre le cancer ont considérablement amélioré les options thérapeutiques disponibles pour les patients atteints de cancer. Ils ont permis de personnaliser les traitements en fonction des caractéristiques moléculaires et génétiques des tumeurs, ce qui a conduit à une meilleure réponse aux traitements et à une réduction des effets secondaires indésirables. De plus, ces nouveaux médicaments ont ouvert de nouvelles voies pour le traitement des cancers jusqu'alors difficiles à traiter, améliorant ainsi les taux de survie et la qualité de vie des patients.

Les Traitements pour les Maladies Auto-Immunes

Au cours du XXe siècle, les traitements pour les maladies auto-immunes ont connu des progrès significatifs grâce au développement des médicaments immunosuppresseurs. Les maladies auto-immunes surviennent lorsque le système immunitaire attaque par erreur les tissus sains du corps, provoquant une inflammation et des dommages aux organes et aux tissus. Parmi les maladies auto-immunes les plus courantes figurent la polyarthrite rhumatoïde, la sclérose en plaques, le lupus érythémateux systémique et la maladie de Crohn.

Les médicaments immunosuppresseurs agissent en supprimant ou en modulant la réponse immunitaire, réduisant ainsi l'inflammation et les dommages associés aux maladies auto-immunes. Ces médicaments peuvent être administrés sous différentes formes, notamment des corticostéroïdes, des agents cytotoxiques, des agents biologiques et des immunomodulateurs.

Les corticostéroïdes, tels que la prednisone, sont parmi les premiers médicaments immunosuppresseurs utilisés pour le traitement des maladies auto-immunes. Ils agissent en réduisant l'inflammation et en supprimant la réponse immunitaire, ce qui peut aider à soulager les symptômes et à ralentir la progression de la maladie. Cependant, leur utilisation à long terme peut être associée à des effets secondaires indésirables, tels que l'ostéoporose, la prise de poids et l'hypertension artérielle.

Les agents cytotoxiques, tels que le méthotrexate et le cyclophosphamide, sont utilisés pour supprimer la réponse immunitaire en inhibant la division des cellules immunitaires. Ces médicaments sont souvent utilisés dans le traitement de la polyarthrite rhumatoïde, du lupus et d'autres maladies auto-immunes graves, mais leur utilisation peut être associée à des effets secondaires potentiellement graves, tels que la toxicité hématologique et la suppression médullaire.

Les agents biologiques sont une classe de médicaments immunosuppresseurs qui ciblent spécifiquement des molécules impliquées dans la réponse immunitaire. Par exemple, les inhibiteurs du facteur de nécrose tumorale (TNF), tels que l'infliximab et l'adalimumab, ont été développés pour bloquer l'action du TNF, une cytokine pro-inflammatoire impliquée dans de nombreuses maladies auto-immunes. Ces médicaments ont révolutionné le traitement de la polyarthrite rhumatoïde et d'autres maladies auto-immunes, offrant un soulagement des symptômes et ralentissant la progression de la maladie.

Enfin, les immunomodulateurs, tels que le méthotrexate et l'azathioprine, agissent en modulant la réponse immunitaire de manière plus générale, en régulant l'activité des cellules immunitaires. Ces médicaments sont utilisés dans le traitement d'une variété de maladies auto-immunes, y compris la sclérose en plaques, la maladie de Crohn et le psoriasis.

En conclusion, le XXe siècle a été une époque de découvertes médicales extraordinaires en matière de médicaments et de vaccins. Ces avancées ont révolutionné la prévention, le traitement et la gestion des maladies infectieuses, des maladies chroniques et du cancer. Cependant, des défis subsistent en termes d'accès aux médicaments et de développement de nouveaux vaccins.

L'impact des Deux Guerres Mondiales sur la Médecine

Le XXe siècle a été marqué par deux guerres mondiales dévastatrices, la Première Guerre mondiale (1914-1918) et la Seconde Guerre mondiale (1939-1945). Ces conflits ont eu un impact profond sur la médecine, forçant des avancées majeures dans les domaines de la chirurgie, de la médecine d'urgence, de la recherche médicale et de la psychiatrie.

La Première Guerre Mondiale : L'Évolution de la Médecine de Guerre

La Première Guerre mondiale a été le premier conflit majeur à voir l'utilisation généralisée de nouvelles technologies de combat telles que les armes à feu, les obus d'artillerie et les gaz toxiques. Ces innovations ont créé de nouvelles blessures et ont posé des défis uniques à la médecine militaire.

Les Avancées Chirurgicales

Pendant la Première Guerre mondiale, les avancées chirurgicales ont été essentielles pour traiter efficacement les blessures graves et les traumatismes subis par les soldats sur le champ de bataille. La nature des conflits de cette époque a entraîné des blessures souvent complexes et étendues, nécessitant des interventions chirurgicales rapides et innovantes pour sauver des vies et prévenir les complications graves telles que les infections et l'amputation.

Une avancée majeure dans ce contexte a été le développement de techniques chirurgicales de débridement et de réparation des tissus mous. Le débridement consiste à enlever les tissus nécrosés, contaminés ou endommagés d'une blessure, afin de

143

favoriser la cicatrisation et de réduire le risque d'infection. Pendant la Première Guerre mondiale, les chirurgiens ont perfectionné les méthodes de débridement pour traiter efficacement les plaies ouvertes et contaminées causées par les armes modernes telles que les obus, les éclats d'obus et les balles.

En plus du débridement, les chirurgiens ont développé des techniques avancées de réparation des tissus mous pour restaurer la structure et la fonction des tissus endommagés. Cela comprenait la suture des plaies, la reconstruction des tissus et des organes lésés, ainsi que des greffes de peau pour recouvrir les zones dénudées ou brûlées. Ces techniques ont été largement utilisées pour traiter les blessures faciales, les brûlures et les plaies complexes, souvent causées par les nouveaux armements de la guerre.

Parallèlement aux avancées chirurgicales, les progrès dans l'anesthésie et les soins postopératoires ont également contribué à améliorer les résultats chirurgicaux et la survie des patients. L'utilisation de nouveaux agents anesthésiques et d'analgésiques a permis de réaliser des interventions chirurgicales plus complexes avec moins de douleur et de traumatisme pour les patients. De plus, l'amélioration des techniques de soins postopératoires, y compris l'hygiène des plaies et la prévention des infections, a considérablement réduit les taux de complications post-chirurgicales.

La Médecine de Transfusion

Avant la Première Guerre mondiale, les transfusions sanguines étaient encore relativement peu courantes et souvent inefficaces en raison de problèmes tels que la coagulation du sang ou l'incompatibilité des groupes sanguins. Cependant, pendant le conflit, la nécessité urgente de traiter les pertes de sang massives a incité les médecins et les chercheurs à rechercher des solutions pour améliorer la pratique des transfusions sanguines.

Une avancée majeure a été la mise au point de techniques de stockage et de conservation du sang, permettant de maintenir la viabilité des globules rouges et des autres composants sanguins pendant de plus longues périodes. Cela a facilité le transport du sang des banques de sang vers les zones de combat, où il pouvait être utilisé pour traiter rapidement les soldats blessés.

De plus, des progrès ont été réalisés dans la connaissance des groupes sanguins et de la compatibilité sanguine, permettant de réduire les risques de réactions immunitaires graves lors des transfusions. Les médecins ont commencé à faire correspondre de manière plus précise les donneurs et les receveurs en utilisant des tests de compatibilité sanguine, contribuant ainsi à améliorer l'efficacité et la sécurité des transfusions sanguines.

Les Soins Psychiatriques

Pendant la Première Guerre mondiale, les soins psychiatriques ont été confrontés à des défis sans précédent en raison des effets dévastateurs du stress de combat sur les soldats engagés dans les combats. La nature traumatisante de la guerre a conduit à une augmentation significative des cas de troubles mentaux parmi les soldats, mettant en lumière la nécessité d'une meilleure compréhension et de traitements appropriés pour ces troubles, y compris les troubles de stress post-traumatique (TSPT).

Les symptômes du TSPT, tels que les flashbacks, les cauchemars, l'anxiété et l'insomnie, sont devenus plus apparents chez les soldats exposés aux horreurs de la guerre. Face à cette réalité, les médecins et les psychiatres ont commencé à reconnaître l'importance de traiter les troubles mentaux des soldats de manière spécifique. Des approches de traitement plus centrées sur les besoins individuels des soldats ont été développées, mettant l'accent sur la reconnaissance et la validation de leurs expériences traumatisantes.

De plus, la Première Guerre mondiale a également été le catalyseur de progrès significatifs dans le domaine de la psychiatrie et de la psychologie. Les médecins et les chercheurs ont commencé à étudier plus en profondeur les mécanismes sous-jacents des troubles mentaux et à développer des thérapies spécifiques pour les traiter. Des approches novatrices telles que la psychothérapie, l'hypnothérapie et la réadaptation fonctionnelle ont été utilisées pour aider les soldats à surmonter leurs traumatismes et à réintégrer la société après la guerre.

La Première Guerre mondiale a également jeté les bases de la reconnaissance officielle du TSPT en tant que trouble distinct par les autorités médicales et militaires. Les leçons tirées de l'expérience de la guerre ont conduit à des changements dans les politiques de santé mentale et les pratiques cliniques, visant à améliorer le dépistage précoce, le traitement et le soutien des soldats affectés par des troubles psychologiques.

La Chirurgie Plastique

La Première Guerre mondiale a entraîné un nombre sans précédent de blessures faciales et corporelles graves parmi les soldats. Ces blessures étaient souvent complexes, avec des fractures osseuses, des brûlures et des pertes de tissus, nécessitant des interventions chirurgicales spécialisées pour reconstruire les structures anatomiques endommagées.

La chirurgie plastique s'est développée en réponse à ces défis, avec des chirurgiens pionniers tels que Harold Gillies, qui a été l'un des premiers à utiliser des techniques de greffe de peau et de reconstruction osseuse pour traiter les blessures faciales de guerre. Outre les blessures faciales, la chirurgie plastique a également été utilisée pour traiter les blessures corporelles et améliorer la fonctionnalité des membres gravement blessés. Les techniques de réparation des tissus mous et de reconstruction osseuse ont permis aux chirurgiens de restaurer la mobilité et la fonctionnalité des membres affectés, améliorant ainsi la qualité de vie des soldats blessés.

Les techniques et les innovations développées pendant la guerre ont jeté les bases de la chirurgie plastique moderne, influençant les pratiques chirurgicales et les normes de soins esthétiques pour les décennies à venir.

La Seconde Guerre Mondiale : Les Avancées de la Médecine de Guerre

La Seconde Guerre mondiale a été un conflit encore plus dévastateur, avec des conséquences médicales et scientifiques considérables.

Les Progrès de la Chirurgie

Pendant la Seconde Guerre mondiale, les progrès de la chirurgie ont été significatifs, en particulier en ce qui concerne les techniques de chirurgie d'urgence pour traiter les blessures de guerre graves et complexes. En effet, la nature intense et brutale des combats a entraîné un grand nombre de blessés nécessitant une intervention chirurgicale rapide et efficace pour survivre. Ainsi, les chirurgiens se sont efforcés de développer et de perfectionner des techniques permettant de traiter ces blessures dans des conditions souvent difficiles.

La greffe de peau est l'une des avancées majeures de la chirurgie pendant la Seconde Guerre mondiale. Cette technique a été largement utilisée pour traiter les brûlures étendues et les pertes de tissus cutanés causées par les explosions, les incendies et les armes chimiques. Les chirurgiens ont perfectionné les méthodes de prélèvement de peau saine sur des zones donneuses du corps et son transfert sur les zones blessées, favorisant ainsi la cicatrisation et la régénération des tissus.

De plus, les blessures causées par des éclats d'obus et des balles ont souvent entraîné des lésions vasculaires graves, compromettant la circulation sanguine vers les membres et d'autres parties du corps. Les chirurgiens ont développé des techniques innovantes pour réparer les vaisseaux sanguins endommagés, y compris la résection et la suture des vaisseaux, ainsi que la création de pontages vasculaires pour restaurer le flux sanguin.

Ces progrès dans les techniques de chirurgie d'urgence ont permis d'améliorer considérablement les taux de survie et les résultats cliniques des blessés de guerre. Les chirurgiens ont été en mesure de fournir des soins vitaux et spécialisés sur le champ de bataille, réduisant ainsi les risques de complications graves et de décès.

Les Avancées Médicales

Pendant la Seconde Guerre mondiale, plusieurs avancées médicales majeures ont eu un impact significatif sur le traitement des blessés de guerre et ont contribué à sauver de nombreuses vies sur les champs de bataille. Parmi ces avancées, deux des plus notables ont été l'introduction de la pénicilline et le développement des transfusions sanguines massives.

La pénicilline, découverte par Alexander Fleming en 1928, a été largement utilisée pour la première fois pendant la Seconde Guerre mondiale. Ce premier antibiotique efficace contre de nombreuses infections bactériennes a révolutionné le traitement des infections, réduisant considérablement le nombre de décès dus à des complications infectieuses chez les soldats blessés. La pénicilline a été utilisée pour traiter une gamme de maladies infectieuses, notamment les infections des plaies, la pneumonie et la septicémie, fournissant un traitement vital là où les ressources médicales étaient limitées et où les risques d'infection étaient élevés.

Les transfusions sanguines massives ont également joué un rôle crucial dans le traitement des blessés de guerre pendant la Seconde Guerre mondiale. Les combats intenses ont entraîné un grand nombre de blessures graves et de pertes de sang massives, nécessitant des interventions médicales rapides pour restaurer le volume sanguin et maintenir la circulation chez les soldats blessés. Les transfusions sanguines massives ont permis de fournir rapidement des quantités importantes de sang aux soldats blessés, aidant à stabiliser leur état et à augmenter leurs chances de survie avant une intervention chirurgicale ou un traitement médical ultérieur.

La Médecine de l'Aviation

Les avancées dans la médecine de l'aviation pendant la Seconde Guerre mondiale ont été principalement motivées par les besoins de l'aviation militaire. Les pilotes étaient confrontés à des défis physiologiques uniques lors de vols à haute altitude, notamment une diminution de la pression atmosphérique, une réduction de la disponibilité d'oxygène et des changements de température extrêmes. Ces conditions pouvaient entraîner des problèmes de santé graves tels que l'hypoxie, l'hypothermie, les troubles circulatoires et les troubles du rythme cardiaque.

Pour mieux comprendre et atténuer ces effets, des recherches approfondies ont été menées et les scientifiques ont étudié les réponses physiologiques du corps humain à l'altitude et à la pression, ainsi que les moyens de prévenir les complications médicales chez les pilotes. Des méthodes ont été développées pour évaluer la capacité des individus à résister aux stress physiques associés au vol, ainsi que des protocoles de formation pour aider les pilotes à mieux gérer les conditions extrêmes en vol.

De plus, des technologies telles que les masques à oxygène et les combinaisons de pression ont été développées pour fournir aux pilotes un environnement de vol plus sûr et plus confortable. Ces équipements ont permis de maintenir des niveaux d'oxygène adéquats dans le sang des pilotes à haute altitude, réduisant ainsi les risques d'hypoxie et d'autres complications liées à l'altitude.

Les Radiations Nucléaires

Pendant la Seconde Guerre mondiale, les blessures liées aux radiations nucléaires ont été un sujet d'une importance considérable, en particulier à la suite des bombardements atomiques d'Hiroshima et de Nagasaki en août 1945. Ces attaques ont marqué la première utilisation d'armes nucléaires de manière offensive et ont entraîné des conséquences médicales dramatiques pour les populations civiles exposées aux radiations.

Les blessures causées par les radiations nucléaires sont le résultat des effets aigus et des effets à long terme de l'exposition aux rayonnements ionisants. Les effets aigus comprennent les brûlures thermiques, les lésions tissulaires et les lésions des organes internes causées par l'explosion nucléaire elle-même. Ces blessures étaient souvent graves et souvent mortelles dans les premiers jours et les premières semaines suivant l'explosion.

Cependant, les conséquences à long terme des radiations nucléaires étaient tout aussi dévastatrices. Les personnes exposées aux radiations ont été confrontées à un risque accru de développer un cancer, des maladies hématologiques telles que la leucémie, ainsi que des maladies chroniques telles que les cataractes et les maladies cardiovasculaires. De plus, les femmes enceintes exposées aux radiations nucléaires ont souvent donné naissance à des enfants présentant des anomalies congénitales graves. Les médecins et les chercheurs ont étudié les survivants des bombardements atomiques et ont recueilli des données sur les effets à long terme des radiations. Ces recherches ont jeté les bases des normes de sécurité radiologique et des limites d'exposition aux radiations utilisées dans le monde entier pour protéger les travailleurs et le public contre les dangers des radiations ionisantes.

En conclusion, les deux guerres mondiales du XXe siècle ont eu un impact profond sur la médecine, forçant des avancées majeures dans les domaines de la chirurgie, de la médecine d'urgence, de la recherche médicale et de la psychiatrie. Les leçons tirées de ces conflits ont laissé des héritages durables dans la médecine moderne.

Les Développements de la Médecine Alternative et Complémentaire

Parallèlement à la médecine conventionnelle, le XXe siècle a également vu une montée en puissance de la médecine alternative et complémentaire (MAC).

L'Essor de la Médecine Alternative et Complémentaire au XXe Siècle

Les années 1960 ont eu un impact significatif sur de nombreux aspects de la société, y compris la médecine. Cette période a été caractérisée par une remise en question des normes établies et une quête de nouvelles perspectives sur la santé et le bien-être. Il y a eu un intérêt croissant pour des approches alternatives et complémentaires de la santé, ce qui a favorisé l'émergence et la popularité croissante des médecines alternatives et complémentaires (MAC).

Plusieurs facteurs ont contribué à cette révolution dans le domaine de la santé :

- *Contre-culture et exploration des modes de vie alternatifs :* Les années 1960 ont été marquées par une contre-culture qui rejetait les conventions sociales établies et cherchait des formes alternatives de pensée et de vie. Cela a engendré un intérêt pour les approches non conventionnelles de la santé, en mettant l'accent sur la prévention, l'autonomie et la connexion avec la nature.

- *Influence des traditions orientales* : Les idées et les pratiques de la médecine traditionnelle chinoise, de l'ayurveda indien et d'autres traditions médicales orientales ont gagné en popularité dans le monde occidental pendant cette période. Des pratiques telles que l'acupuncture, le yoga, la méditation et l'aromathérapie sont devenues plus largement accessibles et ont suscité un intérêt croissant pour une approche holistique de la santé.

- *Mouvement environnemental* : Les préoccupations croissantes concernant l'environnement et les produits chimiques ont également influencé les attitudes envers la santé. De plus en plus de gens ont commencé à s'intéresser aux produits naturels et biologiques, et à rechercher des approches de santé plus respectueuses de l'environnement.

- *Critique de la médecine conventionnelle* : Certaines critiques envers la médecine conventionnelle, y compris son approche souvent symptomatique plutôt que préventive, son utilisation excessive de médicaments et de procédures invasives, ont également alimenté l'intérêt pour les alternatives de santé.

En réponse à ces tendances, de nombreuses pratiques alternatives et complémentaires ont prospéré, avec un intérêt accru pour l'homéopathie, la naturopathie, la chiropratique, l'ostéopathie, l'acupuncture, et d'autres approches non conventionnelles. Cette période a également été marquée par une reconnaissance croissante de l'importance d'une approche holistique de la santé qui intègre le corps, l'esprit et l'environnement.

Approches de la Médecine Alternative et Complémentaire

La MAC englobe une grande variété d'approches et de pratiques, telles que l'acupuncture, la chiropratique, l'homéopathie, la naturopathie, la médecine traditionnelle chinoise, la méditation, le yoga, l'aromathérapie, la thérapie par les plantes médicinales, la réflexologie, la médecine ayurvédique, la thérapie nutritionnelle, la biofeedback, l'hypnose, et bien d'autres encore.

Acupuncture

L'acupuncture est une pratique médicale ancienne qui trouve ses origines dans la médecine traditionnelle chinoise. Elle consiste en l'insertion d'aiguilles très fines à des points spécifiques du corps, appelés points d'acupuncture, afin de stimuler ces points.

L'objectif de l'acupuncture est de rétablir l'équilibre du Qi (prononcé "tchi"), une énergie vitale qui circule à travers des canaux appelés méridiens dans le corps, en stimulant certains points d'acupuncture le long des méridiens. Ces points sont situés à des endroits spécifiques où le Qi peut être accessible et influencé. L'insertion d'aiguilles dans ces points est censée débloquer les obstructions, réguler le flux d'énergie et encourager le processus naturel de guérison du corps.

Au cours du XXe siècle, l'acupuncture a gagné en popularité en dehors de la Chine et s'est répandue dans le monde entier. Elle a suscité un intérêt croissant dans les milieux médicaux occidentaux, où elle a été étudiée de manière plus approfondie pour évaluer son efficacité et ses mécanismes d'action.

De nos jours, l'acupuncture est utilisée pour traiter une grande variété de conditions médicales, notamment les douleurs musculosquelettiques, les maux de tête, les troubles gastro-intestinaux, les troubles de l'humeur, les problèmes de fertilité, les allergies et bien d'autres. Elle est souvent utilisée en complément des traitements médicaux conventionnels et est généralement considérée comme sûre lorsqu'elle est pratiquée par des praticiens qualifiés et dans des conditions hygiéniques appropriées.

Homéopathie

L'homéopathie est une approche médicale développée à la fin du XVIIIe siècle par le médecin allemand Samuel Hahnemann. Fondée sur le principe de la similitude, l'homéopathie repose sur l'idée que les substances qui provoquent des symptômes chez une personne en bonne santé peuvent être utilisées pour traiter des symptômes similaires chez une personne malade. Un autre aspect caractéristique de l'homéopathie est l'utilisation de dilutions extrêmes de substances naturelles. Les remèdes homéopathiques sont préparés par une série de dilutions successives, généralement avec de l'eau ou de l'alcool, et agités vigoureusement entre chaque dilution. Cette procédure est censée libérer l'énergie curative de la substance tout en minimisant la toxicité.

Pendant le XXe siècle, l'homéopathie est devenue plus répandue dans de nombreux pays à travers le monde et a gagné en popularité en tant qu'approche de traitement alternative ou complémentaire. Elle a été utilisée pour traiter une variété de conditions médicales, y compris les affections aiguës telles que les infections des voies respiratoires, les allergies, les problèmes digestifs, ainsi que les affections chroniques telles que l'arthrite et les troubles de l'humeur.

Malgré sa popularité, l'homéopathie reste controversée. De nombreuses études scientifiques ont conclu que les effets de l'homéopathie ne dépassent pas ceux d'un placebo, c'est-à-dire que la croyance en un traitement conduit à une amélioration subjective des symptômes. De plus, les principes de l'homéopathie sont en conflit avec les connaissances établies en physiologie, pharmacologie et chimie, et les preuves de son efficacité sont largement considérées comme insuffisantes par la communauté scientifique. Les études sur l'efficacité de l'homéopathie ont donné des résultats mitigés, avec des preuves souvent considérées comme faibles ou insuffisantes pour étayer les allégations de guérison. Cependant, l'homéopathie continue d'être utilisée par de nombreux praticiens et patients à travers le monde, souvent en complément des traitements médicaux conventionnels.

Hypnose

Au cours du XXe siècle, l'hypnose a évolué en tant que pratique médicale et thérapeutique, bien que ses origines remontent à des milliers d'années. Durant cette période, l'hypnose a été étudiée et utilisée dans divers domaines de la médecine, de la psychologie et de la psychiatrie.

Pendant la Première Guerre mondiale, l'hypnose a été utilisée pour soulager la douleur chez les soldats blessés sur le champ de bataille, notamment en l'absence de médicaments analgésiques disponibles en quantité suffisante. Cette utilisation a contribué à démontrer les possibilités de l'hypnose en tant qu'analgésique et a suscité un intérêt accru pour ses applications médicales.

Dans les décennies suivantes, l'hypnose a été étudiée de manière plus approfondie dans le cadre de la psychiatrie et de la psychothérapie. Des cliniciens tels que Milton Erickson ont développé des techniques d'hypnose conversationnelle, qui ont été utilisées avec succès pour traiter divers troubles mentaux, y compris l'anxiété, la dépression, les phobies et les troubles du comportement.

Au cours du XXe siècle, des études scientifiques ont également été menées pour comprendre les mécanismes sous-jacents de l'hypnose. Bien que les processus exacts ne soient pas entièrement compris, il est largement accepté que l'hypnose peut entraîner des changements neurophysiologiques et cognitifs chez les individus hypnotisés, y compris des altérations de la perception, de la mémoire et du contrôle des mouvements.

De nos jours, l'hypnose est utilisée dans une variété de contextes médicaux et thérapeutiques, notamment pour le soulagement de la douleur, la gestion du stress, la thérapie des traumatismes, la préparation aux interventions chirurgicales et la modification des comportements indésirables tels que le tabagisme ou le surpoids.

Bien que l'hypnose soit devenue une pratique médicale respectée et largement utilisée, elle reste parfois controversée en raison de sa nature subjective et de la variabilité de ses effets d'une personne à l'autre. Cependant, de nombreuses recherches continuent d'explorer ses applications potentielles et son efficacité dans différents domaines de la médecine et de la psychothérapie.

Médecine Intégrative

La médecine intégrative est une approche relativement moderne qui émerge à la fin du XXe siècle et qui vise à combiner les meilleurs aspects de la médecine conventionnelle avec ceux de la MAC. Cette approche cherche à prendre en compte la personne dans sa globalité, en intégrant les aspects physiques, émotionnels, mentaux, sociaux, spirituels et environnementaux de la santé et de la maladie. Elle vise à traiter non seulement les symptômes, mais aussi les causes sous-jacentes des maladies et reconnaît également l'importance de la prévention et de la promotion de la santé, en encourageant les patients à adopter un mode de vie sain et équilibré.

Les traitements proposés dans le cadre de la médecine intégrative peuvent inclure une gamme variée d'interventions, allant des médicaments et des procédures médicales conventionnels aux approches alternatives telles que l'acupuncture, la méditation, le yoga, la nutrition thérapeutique, les compléments alimentaires, les herbes médicinales, et d'autres.

Bien que la médecine intégrative ait gagné en popularité au cours des dernières décennies et soit de plus en plus acceptée dans de nombreux établissements de santé à travers le monde, elle reste parfois controversée et suscite des débats sur son efficacité et son rapport coût-efficacité. Cependant, pour de nombreux patients et professionnels de la santé, la médecine intégrative représente une approche prometteuse qui répond aux besoins d'une société de plus en plus soucieuse de sa santé et de son bien-être.

En conclusion, le XXe siècle a été une période de montée en puissance de la MAC, qui englobe un large éventail de pratiques et d'approches de la santé et de la guérison. Si certaines de ces pratiques ont été intégrées avec succès dans la médecine moderne, d'autres restent controversées et suscitent des débats sur leur sécurité et leur efficacité.

Chapitre 6 : La Médecine Contemporaine

Les Avancées en Médecine Moléculaire

La médecine contemporaine, qui englobe les dernières décennies du XXe siècle et le début du XXIe siècle, a été marquée par une révolution scientifique et technologique sans précédent dans le domaine de la médecine moléculaire et de la génomique. Ces avancées ont profondément transformé notre compréhension de la biologie humaine, de la santé et de la maladie.

Les Bases de la Médecine Moléculaire

La médecine moléculaire est une branche de la médecine qui se penche sur les processus biologiques au niveau moléculaire. Elle vise à comprendre comment les molécules, telles que l'ADN, les protéines et les lipides, contribuent à la santé et à la maladie.

Au XXe siècle, l'émergence de techniques telles que la PCR (réaction de polymérisation en chaîne), inventée par Kary Mullis en 1983, a révolutionné la manière dont les scientifiques étudient et comprennent l'ADN car elle a permis d'amplifier de petites quantités d'ADN spécifique à des régions cibles, permettant ainsi aux chercheurs d'étudier et d'analyser l'ADN avec une grande précision. Cette technique a été largement utilisée dans de nombreux domaines de la médecine, notamment le diagnostic précoce des maladies génétiques, la détection des agents pathogènes infectieux, la criminalistique, la recherche sur le cancer et le développement de thérapies géniques.

Au cours du XXIe siècle, la biologie moléculaire a continué à progresser rapidement, avec le développement de techniques encore plus avancées telles que le séquençage de nouvelle génération (NGS) et la modification de l'ADN par CRISPR-Cas9 :

Le Séquençage de Nouvelle Génération

Le séquençage de nouvelle génération (NGS) est une technique avancée qui permet de séquencer rapidement et à moindre coût des génomes entiers, ce qui ouvre de nouvelles perspectives pour la médecine personnalisée et la recherche sur les maladies génétiques. Cette technologie utilise des approches hautement parallèles pour séquencer simultanément de multiples fragments d'ADN, ce qui permet d'accélérer considérablement le processus de séquençage. Contrairement aux méthodes traditionnelles de séquençage, qui étaient plus lentes et plus coûteuses, le NGS permet de séquencer des génomes entiers en un temps relativement court et à un coût abordable.

L'une des principales applications du NGS est dans le domaine de la médecine personnalisée. En séquençant le génome d'un individu, les médecins peuvent identifier les variations génétiques qui peuvent influencer la prédisposition d'une personne à certaines maladies ou la réponse à certains médicaments. Cela permet de personnaliser les traitements en fonction du profil génétique de chaque patient, améliorant ainsi l'efficacité des interventions médicales et réduisant les risques d'effets indésirables.

De plus, le NGS a révolutionné la recherche sur les maladies génétiques en permettant une analyse approfondie du génome humain et l'identification de nouvelles mutations génétiques associées à des maladies. Cette connaissance accrue des bases génétiques des maladies a ouvert de nouvelles pistes de recherche pour le développement de thérapies ciblées et de traitements plus efficaces.

La Technologie CRISPR-Cas9

La technologie CRISPR-Cas9 représente une avancée majeure dans le domaine de l'édition du génome, offrant la possibilité de modifier l'ADN de manière précise et efficace. CRISPR (Clustered Regularly Interspaced Short Palindromic Repeats) et Cas9 (CRISPR-associated protein 9) sont des composants du système immunitaire bactérien qui a été adapté pour permettre l'édition génomique chez divers organismes, y compris les humains.

L'utilisation de CRISPR-Cas9 permet aux chercheurs de cibler des séquences spécifiques d'ADN dans le génome et de les modifier avec une précision sans précédent. En introduisant une molécule d'ARN guide qui correspond à la séquence cible, l'enzyme Cas9 coupe l'ADN à cet endroit précis. Par la suite, la cellule utilise ses mécanismes de réparation de l'ADN pour introduire des modifications souhaitées, telles que l'insertion, la suppression ou la correction de séquences génétiques.

Cette technologie offre des espoirs considérables dans le traitement des maladies génétiques. En permettant la correction des mutations responsables de ces maladies au niveau génétique, CRISPR-Cas9 ouvre de nouvelles perspectives thérapeutiques. Par exemple, des études précliniques ont montré que CRISPR-Cas9 pourrait être utilisé pour traiter des maladies telles que la drépanocytose, la mucoviscidose et la dystrophie musculaire de Duchenne en corrigeant les mutations génétiques responsables de ces affections.

De plus, CRISPR-Cas9 est également utilisé dans la recherche fondamentale pour comprendre les mécanismes biologiques sous-jacents à diverses affections. En permettant la manipulation précise du génome, cette technologie permet aux chercheurs d'étudier le rôle des gènes dans le développement, la physiologie et la pathogenèse des maladies, ouvrant ainsi de nouvelles voies pour la découverte de médicaments et le développement de thérapies.

Cependant, malgré son potentiel révolutionnaire, CRISPR-Cas9 présente également des défis et des questions éthiques importantes. Des préoccupations concernant l'exactitude et l'efficacité de l'édition génomique, ainsi que des considérations éthiques concernant l'utilisation de cette technologie sur des cellules germinales humaines, nécessitent une évaluation attentive et une réglementation appropriée.

Le Séquençage du Génome Humain

En 2003, le projet du génome humain a été achevé avec succès, marquant une étape historique dans la recherche médicale. Ce projet ambitieux a permis de cartographier l'ensemble de notre ADN. Grâce à cette cartographie, les scientifiques ont pu identifier et séquencer tous les gènes présents dans le génome humain.

Comprendre notre génétique a ouvert de vastes possibilités dans le domaine médical. En étudiant les variations génétiques individuelles, les chercheurs ont pu identifier les gènes responsables de certaines maladies héréditaires et comprendre leur mode de transmission. Cela a permis d'améliorer le dépistage, le diagnostic et le traitement des maladies génétiques, en développant des thérapies ciblées basées sur les mutations génétiques spécifiques de chaque patient.

De plus, le séquençage du génome humain a également permis de mieux comprendre la complexité des maladies multifactorielles, telles que le cancer et les maladies cardiovasculaires. En identifiant les variations génétiques qui augmentent le risque de développer ces maladies, les chercheurs peuvent élaborer des stratégies de prévention et des traitements plus efficaces, en se concentrant sur les mécanismes biologiques sous-jacents.

L'Avenir de la Médecine Moléculaire et de la Génomique

Recherche sur les Maladies Génétiques Rares

Au XXIe siècle, la recherche sur les maladies génétiques rares a connu des avancées significatives, permettant une meilleure compréhension de ces affections souvent complexes et la mise au point de traitements plus ciblés.

Grâce aux progrès dans le séquençage du génome humain et dans les technologies de biologie moléculaire, les scientifiques ont pu identifier un nombre croissant de mutations génétiques responsables de maladies rares. Ces découvertes ont permis de mieux comprendre les mécanismes sous-jacents de ces maladies et de développer des modèles de recherche pour étudier leur progression et leur impact sur l'organisme.

Parallèlement, les avancées dans les thérapies géniques et les thérapies cellulaires ont ouvert de nouvelles perspectives pour le traitement des maladies génétiques rares. Les thérapies géniques, qui consistent à introduire des gènes fonctionnels dans les cellules d'un individu pour compenser les mutations génétiques, ont montré des résultats prometteurs dans le traitement de certaines maladies rares, telles que l'amyotrophie spinale et l'hémophilie. De même, les thérapies cellulaires, qui impliquent la modification ou le remplacement de cellules défectueuses par des cellules saines, offrent de nouvelles options de traitement pour un large éventail de maladies génétiques rares.

Par ailleurs, les efforts de collaboration internationale et les initiatives de recherche concertée ont permis de regrouper les ressources et les expertises nécessaires pour accélérer la découverte de nouveaux traitements pour les maladies génétiques rares. Des consortiums de recherche, des bases de données génomiques et des programmes de séquençage à grande échelle ont été mis en place pour faciliter l'identification de nouvelles cibles thérapeutiques et pour favoriser le développement de thérapies innovantes.

Thérapies Géniques

Les thérapies géniques ont émergé comme une avancée majeure dans le domaine de la médecine au XXIe siècle, offrant de nouvelles perspectives de traitement pour un large éventail de maladies génétiques et acquises. Ces thérapies visent à réparer ou à remplacer des gènes défectueux dans les cellules d'un individu, ouvrant ainsi la voie à des traitements révolutionnaires.

Une approche courante de la thérapie génique implique l'introduction d'un gène fonctionnel dans les cellules d'un patient pour compenser un gène défectueux ou manquant. Cela peut être réalisé en utilisant des vecteurs viraux ou des nanoparticules pour délivrer le gène à l'intérieur des cellules cibles. Une fois à l'intérieur, le gène fonctionnel peut remplacer le gène défectueux, restaurer la fonction normale de la cellule et potentiellement traiter la maladie.

Les thérapies géniques ont montré des résultats prometteurs dans le traitement de diverses maladies génétiques rares, telles que l'amyotrophie spinale, la dystrophie musculaire de Duchenne et les déficits immunitaires héréditaires. Dans certains cas, ces thérapies ont même permis des guérisons cliniques, offrant ainsi de l'espoir aux patients et à leurs familles.

En outre, les thérapies géniques sont également étudiées pour le traitement de maladies acquises telles que le cancer et les maladies cardiovasculaires. Dans le cancer, par exemple, les thérapies géniques peuvent être utilisées pour cibler spécifiquement les cellules cancéreuses, renforçant ainsi l'efficacité des traitements anticancéreux traditionnels.

Médecine Régénérative

La médecine régénérative vise à restaurer la fonctionnalité des tissus et des organes endommagés ou dégénérés, offrant ainsi de nouvelles options de traitement pour un large éventail de maladies et de lésions.

Une des approches clés de la médecine régénérative est l'utilisation de cellules souches, qui ont la capacité de se différencier en différents types de cellules spécialisées. Les cellules souches peuvent être prélevées à partir de diverses sources, telles que la moelle osseuse, le sang de cordon ombilical et les tissus adipeux, puis utilisées pour régénérer des tissus et des organes endommagés. Par exemple, dans le traitement des lésions de la moelle épinière, des cellules souches peuvent être implantées pour favoriser la régénération des cellules nerveuses et restaurer la fonctionnalité.

En plus des cellules souches, d'autres approches de la médecine régénérative incluent l'utilisation de biomatériaux et de facteurs de croissance pour favoriser la régénération tissulaire. Les biomatériaux, tels que les échafaudages tridimensionnels, peuvent fournir un support structural pour les cellules en croissance et favoriser la régénération des tissus. Les facteurs de croissance, quant à eux, peuvent stimuler la prolifération et la différenciation des cellules, accélérant ainsi le processus de guérison.

En conclusion, la médecine contemporaine a été profondément influencée par les avancées en médecine moléculaire et en génomique. Ces découvertes ont permis une meilleure compréhension de la biologie humaine, de la génétique et des bases moléculaires de la santé et de la maladie et ont conduit à des diagnostics plus précis et des traitements ciblés.

Les Progrès de la Médecine de Précision

Au cours des dernières décennies, la médecine contemporaine a connu une transformation radicale grâce aux progrès de la médecine de précision. Cette approche révolutionnaire de la santé et de la médecine a changé la façon dont nous comprenons, diagnostiquons et traitons les maladies.

Les Fondements de la Médecine de Précision

La médecine de précision, parfois appelée médecine personnalisée, est une approche de la médecine qui prend en compte les différences individuelles dans le génome, le profil moléculaire et d'autres facteurs de chaque patient. Au lieu d'adopter une approche « taille unique » pour le diagnostic et le traitement, la médecine de précision s'efforce de personnaliser les soins de santé en fonction des caractéristiques génétiques et biologiques de chaque individu.

Elle repose sur plusieurs piliers scientifiques et technologiques qui ont évolué au fil des années.

- *Séquençage du génome :* Le séquençage du génome humain a été l'une des avancées les plus cruciales, permettant de cartographier l'ensemble des gènes de l'individu.

- *Génomique fonctionnelle :* La génomique fonctionnelle examine comment les gènes sont activés ou désactivés, ce qui aide à comprendre leur rôle dans la santé et la maladie.

- *Biologie moléculaire* : Les techniques avancées de biologie moléculaire permettent d'étudier les molécules biologiques, comme l'ADN, l'ARN et les protéines, à un niveau précis.

- *Analyse des données massives :* La médecine de précision dépend de l'analyse des énormes quantités de données générées par le séquençage et d'autres technologies.

Applications de la Médecine de Précision

La médecine de précision a une gamme d'applications impressionnantes qui transforment la manière dont nous abordons la santé.

- *Diagnostic précis :* La médecine de précision repose sur l'identification des mutations génétiques spécifiques et des biomarqueurs, ce qui permet des diagnostics plus précis et personnalisés. En analysant le profil génétique d'un individu, les médecins peuvent identifier les mutations associées à des maladies spécifiques et déterminer les traitements les plus efficaces. Cette approche permet également de prédire la réponse d'un patient à un traitement particulier, offrant ainsi des soins de santé plus ciblés et adaptés à chaque personne.

- *Traitement ciblé :* Les thérapies ciblées sont conçues pour attaquer spécifiquement les facteurs moléculaires responsables d'une maladie, ce qui permet de réduire les effets secondaires indésirables associés aux traitements conventionnels. En identifiant les caractéristiques moléculaires uniques des cellules tumorales ou des agents pathogènes, ces thérapies peuvent agir de manière précise, en inhibant leur croissance ou en les détruisant sans affecter les cellules saines environnantes. Cette approche offre des avantages significatifs en termes d'efficacité et de tolérance pour les patients, tout en ouvrant de nouvelles perspectives pour le traitement de diverses maladies, notamment le cancer et les maladies auto-immunes.

- *Prévention personnalisée :* La médecine de précision utilise une approche personnalisée de la prévention en identifiant les risques génétiques individuels. En analysant le profil génétique d'un individu, les médecins peuvent déterminer les prédispositions génétiques à certaines maladies. Cela permet de mettre en place des interventions préventives adaptées à chaque personne, telles que des recommandations de style de vie, des dépistages réguliers et des stratégies de gestion du risque spécifiques. Cette approche proactive vise à réduire les risques de développer des maladies graves, améliorant ainsi la santé et la qualité de vie à long terme des individus.

Impacts de la Médecine de Précision sur la Pratique Médicale

Oncologie

Grâce aux avancées dans la compréhension des mutations génétiques sous-jacentes aux différentes formes de cancer, les médecins peuvent désormais identifier les altérations spécifiques présentes dans les tumeurs de chaque patient. Cette connaissance approfondie des profils génétiques des tumeurs permet de prescrire des thérapies ciblées qui s'attaquent directement aux voies moléculaires impliquées dans la croissance et la survie des cellules cancéreuses. Ces traitements peuvent être des inhibiteurs de tyrosine kinase, des inhibiteurs de PARP, des inhibiteurs de points de contrôle immunitaire, ou d'autres médicaments qui interfèrent avec des cibles spécifiques du cancer. Cette approche de la médecine a considérablement amélioré les taux de réponse des patients et a permis de réduire les effets secondaires indésirables associés aux traitements conventionnels. De plus, elle a ouvert la voie à de nouvelles stratégies thérapeutiques combinées et à la recherche de biomarqueurs prédictifs pour guider le choix du traitement le plus efficace pour chaque individu.

Cardiologie

La connaissance approfondie des bases génétiques des maladies cardiaques a permis de mettre en place des stratégies de prévention et de gestion personnalisées. Ainsi, les individus identifiés comme étant à risque génétique élevé peuvent bénéficier d'un dépistage régulier, de conseils sur le mode de vie et, dans certains cas, de thérapies préventives précoces pour réduire le risque de complications cardiaques graves. De plus, en comprenant les mécanismes moléculaires sous-jacents aux maladies cardiaques héréditaires, les chercheurs peuvent développer des thérapies ciblées qui visent à modifier le cours naturel de la maladie.

Neurologie

Au XXIe siècle, la neurologie a connu des progrès significatifs grâce à l'application de la médecine de précision pour le diagnostic et le traitement de troubles neurologiques majeurs, notamment la maladie d'Alzheimer et la sclérose en plaques (SEP). Elle permet une approche plus individualisée de ces maladies en identifiant les caractéristiques génétiques, moléculaires et environnementales spécifiques associées à chaque patient. Ainsi, par le biais de techniques de séquençage génétique avancées et de biomarqueurs spécifiques, les neurologues peuvent diagnostiquer ces affections de manière plus précoce et précise, ce qui permet une prise en charge plus efficace.

Dans le cas de la maladie d'Alzheimer, par exemple, elle permet d'identifier les marqueurs génétiques et protéiques associés à la maladie, facilitant ainsi un diagnostic précoce et une évaluation du risque pour les individus susceptibles de développer la maladie à un stade ultérieur de leur vie.

Pour la sclérose en plaques, elle offre des opportunités pour une meilleure sélection des thérapies immunomodulatrices, en tenant compte des caractéristiques moléculaires et immunologiques spécifiques de chaque patient. Cela permet de personnaliser le traitement pour maximiser l'efficacité tout en minimisant les effets secondaires indésirables.

En conclusion, la médecine de précision représente une révolution dans le domaine de la santé et de la médecine contemporaine. Elle personnalise les soins de santé en fonction des caractéristiques génétiques et biologiques de chaque individu, permettant des diagnostics plus précis, des traitements ciblés et des interventions préventives personnalisées.

La Mondialisation de la Médecine

La médecine contemporaine est le reflet d'un monde en évolution constante, façonnée par deux forces majeures : la mondialisation et la technologie.

La Mondialisation de la Médecine

La mondialisation se réfère à l'interconnexion croissante des sociétés et des économies à l'échelle mondiale. Dans le domaine de la médecine, la mondialisation a eu un impact significatif :

- *Échanges de connaissances :* Les professionnels de la santé peuvent désormais collaborer plus facilement à l'échelle mondiale, permettant un partage rapide des dernières avancées scientifiques et des meilleures pratiques cliniques. Cette collaboration internationale favorise l'accès à une expertise diversifiée, stimule la recherche collaborative et permet une diffusion plus rapide des innovations médicales.

- *Mobilité des professionnels de la santé :* Les médecins, les infirmières et d'autres professionnels de la santé peuvent travailler dans des pays étrangers, apportant avec eux leurs connaissances, leurs compétences et leurs expériences. Cela favorise un échange culturel et professionnel, permettant aux praticiens d'apprendre de nouvelles approches, techniques et pratiques médicales. De plus, cela renforce la capacité des systèmes de santé à répondre aux besoins locaux en fournissant une main-d'œuvre médicale diversifiée et qualifiée.

- *Accès aux médicaments :* Grâce à des réseaux de production et de logistique internationaux, les médicaments peuvent être fabriqués à moindre coût et distribués plus efficacement dans différentes régions du monde. Cela a permis d'améliorer l'accessibilité des traitements vitaux, notamment dans les régions défavorisées où l'accès aux soins de santé peut être limité. De plus, la concurrence sur le marché mondial a souvent conduit à une réduction des prix des médicaments, rendant les traitements essentiels plus abordables pour les populations les plus vulnérables.

La Révolution de l'Éducation Médicale

La mondialisation et la technologie ont également révolutionné l'éducation médicale :

- *Cours en ligne :* Grâce à des plateformes d'apprentissage en ligne, les étudiants peuvent suivre des cours, des conférences et des formations dispensés par des universités et des institutions renommées, qu'ils soient situés à proximité ou à des milliers de kilomètres. Cette accessibilité favorise l'apprentissage continu, permet aux étudiants d'explorer des domaines spécialisés et élargit leurs perspectives en exposant à une diversité de points de vue et d'approches médicales. En outre, les cours en ligne offrent une flexibilité permettant aux étudiants de gérer leur emploi du temps d'étude en fonction de leurs engagements personnels et professionnels.

- *Simulation médicale :* Grâce à des simulateurs haute-fidélité et à des scénarios réalistes, les étudiants peuvent s'entraîner à prendre des décisions médicales, à effectuer des procédures et à gérer des situations d'urgence, reproduisant ainsi fidèlement les conditions rencontrées dans la pratique clinique. Cette approche pédagogique immersive permet aux étudiants de gagner en confiance, d'améliorer leur dextérité technique et de perfectionner leur prise de décision clinique, ce qui se traduit par une meilleure qualité de soins une fois qu'ils sont en pratique clinique réelle. De plus, la simulation médicale favorise le travail d'équipe et la communication interprofessionnelle, préparant ainsi les étudiants à collaborer efficacement avec d'autres professionnels de la santé pour fournir des soins optimaux aux patients.

- *Collaboration internationale :* En travaillant avec des institutions et des professionnels de la santé du monde entier, les étudiants peuvent bénéficier d'un échange culturel et professionnel qui élargit leur compréhension des pratiques médicales, des normes de soins et des défis de santé rencontrés dans différentes régions du globe. Cette diversité d'approches médicales permet aux étudiants d'acquérir une vision plus holistique de la médecine et de développer des compétences interculturelles essentielles pour une pratique médicale efficace dans un contexte mondial. De plus, les collaborations internationales offrent des opportunités de recherche, de stages et d'échanges académiques qui enrichissent l'apprentissage des étudiants et favorisent le développement de réseaux professionnels internationaux durables.

En conclusion, la médecine contemporaine est profondément influencée par la mondialisation et la technologie. Ces forces ont ouvert de nouvelles possibilités pour améliorer les soins de santé, partager les connaissances médicales et élargir l'accès aux traitements.

Les Tendances Actuelles

Alors que nous explorons le paysage de la médecine contemporaine, il est crucial de se tourner vers l'avenir pour anticiper les tendances et les défis qui façonneront le domaine de la santé et des soins de santé.

Télémédecine

Au cours du XXIe siècle, la télémédecine a émergé comme une révolution dans le domaine de la santé, permettant aux patients d'accéder à des soins médicaux à distance grâce aux technologies de communication. Cette approche a permis de surmonter les obstacles géographiques et a grandement amélioré l'accessibilité aux soins de santé, en particulier dans les régions reculées ou mal desservies.

La télémédecine a également ouvert la voie à de nouvelles possibilités de traitement et de suivi des patients, offrant des consultations en ligne, des diagnostics à distance et même des interventions chirurgicales assistées par des robots. En outre, les progrès technologiques continueront à améliorer la qualité des soins, avec l'intégration de la réalité virtuelle, de l'intelligence artificielle et d'autres innovations pour des interactions plus immersives et des diagnostics plus précis.

Dans l'avenir, nous pouvons nous attendre à une expansion encore plus large de la télémédecine, avec une adoption accrue par les systèmes de santé et une réglementation plus élaborée pour garantir la sécurité et la confidentialité des données des patients. Les progrès continus dans les technologies de communication et l'évolution des politiques de santé contribueront à faire de la télémédecine une composante essentielle des soins de santé du XXIe siècle, offrant des avantages tangibles en termes d'accessibilité, d'efficacité et de qualité des soins.

Nanotechnologies

Au cours du XXIe siècle, les nanotechnologies ont émergé comme un domaine révolutionnaire dans le domaine de la médecine, offrant des possibilités sans précédent pour le diagnostic, le traitement et la prévention des maladies. Ces technologies exploitent des matériaux et des structures à l'échelle nanométrique, permettant une précision et une efficacité accrues dans divers aspects des soins de santé.

Dans le domaine du diagnostic, les nanotechnologies permettent le développement de capteurs et de dispositifs miniaturisés capables de détecter les biomarqueurs de maladies à des stades précoces, facilitant ainsi un diagnostic précoce et plus précis. De plus, ces avancées permettent le développement de techniques d'imagerie médicale de pointe, offrant une résolution plus élevée et une meilleure visualisation des tissus et des organes.

En ce qui concerne les traitements, les nanotechnologies ouvrent la voie à des thérapies ciblées et personnalisées. Les nanomédicaments peuvent être conçus pour cibler spécifiquement les cellules malades, réduisant ainsi les effets secondaires indésirables associés aux traitements conventionnels. De plus, les nanotechnologies offrent la possibilité de délivrer des médicaments directement au site d'action dans le corps, améliorant ainsi l'efficacité des traitements.

Nous pouvons nous attendre à ce que les nanotechnologies continuent à révolutionner les soins de santé, avec des progrès constants dans le développement de nanomédicaments, de dispositifs de diagnostic et de techniques d'imagerie médicale. Cependant, des défis subsistent, notamment en matière de sécurité et de réglementation, qui nécessiteront une attention continue pour garantir que ces technologies bénéficient pleinement aux patients tout en minimisant les risques potentiels.

Neurotechnologies

Au XXIe siècle, les neurotechnologies ont émergé comme un domaine prometteur de la médecine, ouvrant de nouvelles voies pour comprendre et traiter les troubles neurologiques. Ces avancées exploitent des techniques et des outils de pointe pour étudier le cerveau et le système nerveux, offrant des possibilités sans précédent pour diagnostiquer, traiter et même prévenir les maladies neurologiques.

Dans le domaine du diagnostic, les neurotechnologies permettent le développement de méthodes d'imagerie cérébrale avancées telles que l'IRM fonctionnelle et l'électroencéphalographie (EEG), qui permettent une visualisation en temps réel de l'activité cérébrale et des modèles d'activation neuronale. Cela permet aux médecins de mieux comprendre les mécanismes sous-jacents des troubles neurologiques et de fournir des diagnostics plus précis.

En ce qui concerne les traitements, les neurotechnologies offrent des possibilités de thérapies novatrices telles que la stimulation cérébrale profonde et la neuroprothèse. Ces techniques permettent de modifier l'activité neuronale pour traiter des affections telles que la maladie de Parkinson, les troubles du mouvement et même les lésions médullaires. De plus, la recherche dans le domaine des interfaces cerveau-ordinateur ouvre la voie à de nouvelles méthodes de réadaptation et de communication pour les personnes atteintes de lésions cérébrales graves.

À l'avenir, les neurotechnologies continueront à progresser, avec des avancées dans les domaines de l'imagerie cérébrale, de la neurostimulation et de l'interface cerveau-ordinateur. Ces progrès pourraient révolutionner la façon dont nous diagnostiquons et traitons les maladies neurologiques, offrant de l'espoir aux millions de personnes dans le monde entier vivant avec ces affections. Toutefois, il est important de continuer à étudier les implications éthiques et sociales de ces technologies pour garantir qu'elles bénéficient à tous les individus de manière équitable et responsable.

Intelligence Artificielle

L'intelligence artificielle (IA) a révolutionné la façon dont les professionnels de la santé diagnostiquent, traitent et gèrent les maladies. L'IA utilise des algorithmes sophistiqués et des modèles d'apprentissage automatique pour analyser de vastes ensembles de données médicales, fournissant des informations précieuses pour la prise de décision clinique.

Dans le domaine du diagnostic, l'IA permet une interprétation rapide et précise des images médicales telles que les radiographies, les IRM et les scans CT. Les systèmes d'IA peuvent détecter les anomalies et les signes précoces de maladies avec une précision élevée, aidant les médecins à établir des diagnostics plus rapides et plus précis.

En ce qui concerne les traitements, l'IA est utilisée pour développer des thérapies personnalisées et optimiser les protocoles de traitement. Les algorithmes d'IA peuvent analyser les données génétiques, les antécédents médicaux et les caractéristiques individuelles des patients pour recommander les meilleures options de traitement, améliorant ainsi les résultats cliniques.

Parallèlement, l'IA est également utilisée pour améliorer la gestion des dossiers médicaux et la planification des soins de santé. Les systèmes d'IA peuvent automatiser des tâches administratives, optimiser les flux de travail cliniques et prédire les besoins des patients, contribuant ainsi à une prestation de soins plus efficace et efficiente.

Pour l'avenir, on s'attend à ce que l'IA continue à jouer un rôle de plus en plus important dans la médecine, avec des progrès constants dans les domaines de la reconnaissance des motifs, de l'apprentissage automatique et de la robotique médicale. Cependant, il est essentiel de relever les défis liés à la confidentialité des données, à l'éthique et à la responsabilité pour garantir que l'IA est utilisée de manière éthique et équitable, tout en bénéficiant aux patients et à la société dans son ensemble.

Réalité Augmentée et Technologie 3D

La réalité augmentée et la technologie 3D ont révolutionné la manière dont les professionnels de la santé interagissent avec les données médicales et les patients.

La réalité augmentée offre aux chirurgiens une vision sans précédent à l'intérieur du corps humain. Grâce à des lunettes ou à des casques spécialement conçus, les médecins peuvent superposer des images médicales en temps réel sur le champ opératoire, permettant une visualisation précise des organes, des vaisseaux sanguins et des tissus avant et pendant une intervention chirurgicale. Cette technologie offre un niveau de précision inégalé, réduisant les risques et améliorant les résultats des opérations.

Parallèlement, la technologie 3D révolutionne l'imagerie médicale en permettant la création de modèles anatomiques détaillés et personnalisés. Les scanners 3D peuvent générer des représentations virtuelles des organes et des tissus, offrant aux médecins une perspective immersive et interactive pour le diagnostic et la planification des traitements. Ces modèles permettent également une meilleure communication entre les médecins et les patients, les aidant à visualiser et à comprendre leur condition médicale de manière plus approfondie.

Pour l'avenir, ces technologies promettent des avancées encore plus extraordinaires. La réalité augmentée pourrait être intégrée à des dispositifs portables, permettant aux médecins d'accéder instantanément à des informations médicales cruciales pendant les consultations et les interventions d'urgence. De plus, la technologie 3D pourrait jouer un rôle crucial dans le développement de la médecine régénérative, en permettant la création de tissus et d'organes artificiels sur mesure pour des transplantations plus sûres et plus efficaces.

Interventions Mini-Invasives

Au XXIe siècle, les interventions mini-invasives sont devenues une pratique courante en médecine, offrant des avantages significatifs aux patients par rapport aux procédures chirurgicales traditionnelles. Ces interventions impliquent l'utilisation de techniques moins invasives, telles que la laparoscopie, l'endoscopie et la chirurgie assistée par robot, pour traiter diverses affections médicales.

Dans le domaine de la chirurgie, les interventions mini-invasives permettent des incisions plus petites, réduisant ainsi les traumatismes tissulaires, les douleurs postopératoires et les temps de récupération. Les patients bénéficient d'une hospitalisation plus courte, d'une diminution des complications et d'une reprise plus rapide de leurs activités quotidiennes.

Les techniques mini-invasives sont largement utilisées dans de nombreux domaines de la médecine, notamment la chirurgie cardiaque, la chirurgie thoracique, la chirurgie gastro-intestinale et la chirurgie gynécologique. Elles sont également utilisées pour traiter des affections telles que l'obésité, les troubles orthopédiques et les cancers.

Pour l'avenir, on s'attend à ce que les interventions mini-invasives continuent à évoluer avec l'avancement de la technologie, notamment l'amélioration des instruments chirurgicaux et des techniques d'imagerie guidée. Ces avancées permettront des interventions encore plus précises et moins invasives, offrant ainsi des résultats encore meilleurs pour les patients. Cependant, il est important de continuer à former les professionnels de la santé aux dernières techniques et technologies afin d'assurer des soins de haute qualité et sécuritaires.

Vaccins

Les vaccins sont devenus un pilier essentiel de la médecine préventive, contribuant de manière significative à la réduction de la morbidité et de la mortalité dues à de nombreuses maladies infectieuses.

Les progrès dans la recherche vaccinale ont conduit au développement de nouveaux vaccins contre un large éventail de maladies, y compris des maladies virales comme la grippe, le HPV (papillomavirus humain), et la rougeole, ainsi que des maladies bactériennes telles que la coqueluche et la méningite. De plus, les vaccins ont été utilisés avec succès pour éradiquer des maladies telles que la variole et pour contrôler la propagation de maladies comme la polio.

Les tendances actuelles en matière de vaccins incluent le développement de vaccins plus efficaces, plus sûrs et plus ciblés, ainsi que l'exploration de nouvelles plates-formes technologiques pour la vaccination, telles que les vaccins à ARNm. De plus, l'accès équitable aux vaccins reste un défi important à relever, surtout dans les régions du monde où les ressources sont limitées. La recherche continue et l'innovation dans le domaine des vaccins joueront un rôle crucial dans la lutte contre les maladies infectieuses et dans la promotion de la santé mondiale.

Traitements Antiviraux

Au XXIe siècle, les traitements antiviraux ont été une avancée majeure dans la lutte contre les infections virales. Ces traitements visent à bloquer la réplication virale ou à atténuer les symptômes associés à l'infection, contribuant ainsi à la gestion des maladies virales et à l'amélioration du pronostic pour les patients.

Les traitements antiviraux sont utilisés dans une variété de contextes, notamment pour traiter les infections virales courantes telles que la grippe, l'herpès, et l'hépatite virale, ainsi que pour les infections virales émergentes comme le VIH/sida et les infections à coronavirus, y compris la COVID-19.

Dans le futur, les tendances des traitements antiviraux comprennent le développement de médicaments plus efficaces avec moins d'effets secondaires, ainsi que l'exploration de nouvelles cibles thérapeutiques et de nouvelles approches thérapeutiques telles que les thérapies géniques et les thérapies cellulaires. De plus, il y a un besoin croissant de développer des traitements antiviraux à large spectre qui pourraient être efficaces contre plusieurs types de virus, ce qui serait particulièrement bénéfique pour faire face à de futures pandémies virales.

Santé Numérique

Les applications mobiles, les capteurs de santé et les dispositifs portables ont révolutionné la manière dont les individus gèrent leur santé au XXIe siècle. En collectant et en analysant des données médicales telles que l'activité physique, la fréquence cardiaque, le sommeil et d'autres paramètres physiologiques, ces technologies offrent aux utilisateurs un aperçu en temps réel de leur état de santé.

Ces outils permettent aux individus de surveiller leur santé de manière proactive, de suivre les progrès de leur condition médicale et de prendre des mesures préventives pour éviter les complications. De plus, ces données peuvent être partagées avec les professionnels de la santé pour obtenir des conseils personnalisés et un suivi médical à distance.

Dans le futur, les applications mobiles et les dispositifs portables devraient devenir encore plus sophistiqués, intégrant des fonctionnalités avancées telles que l'intelligence artificielle pour l'analyse des données et la prise de décision, ainsi que des dispositifs médicaux connectés permettant un suivi continu et précis de la santé des individus.

En conclusion, au XXIe siècle, la médecine a connu une transformation sans précédent grâce aux avancées technologiques et scientifiques. Des domaines tels que la génomique, l'intelligence artificielle, les nanotechnologies et la télémédecine ont ouvert de nouvelles perspectives pour le diagnostic, le traitement et la prévention des maladies. La médecine personnalisée, basée sur les données génétiques et les technologies de pointe, est devenue de plus en plus courante, offrant des soins de santé plus précis et adaptés à chaque individu. Parallèlement, la numérisation des soins de santé, avec l'émergence d'applications mobiles et de dispositifs portables, a révolutionné la manière dont les patients surveillent leur santé et interagissent avec les professionnels de la santé. Dans ce contexte dynamique, la collaboration internationale et l'échange de connaissances ont joué un rôle crucial pour faire avancer la médecine et améliorer les soins de santé à l'échelle mondiale.

Partie II. Avancées Historiques et Figures Influentes

Chapitre 7 : Les Inventions qui ont Redéfini la Médecine

Au cours de l'histoire, un certain nombre d'inventions ont profondément transformé la pratique de la médecine. Ces innovations ont révolutionné les diagnostics, les traitements et les soins prodigués aux patients. Voici un résumé des principales inventions qui ont marqué l'évolution de la médecine et ont contribué à améliorer la santé et le bien-être de l'humanité.

Vaccins : Prévention et Contrôle des Maladies Infectieuses

L'invention des vaccins a eu un impact considérable sur la santé publique en permettant la prévention et le contrôle de nombreuses maladies infectieuses.

Edward Jenner, un médecin britannique du XVIIIe siècle, est largement reconnu comme le fondateur de la vaccination. Sa contribution majeure a été la création du premier vaccin contre la variole. À l'époque, la variole avait un impact dévastateur sur la population mondiale. Jenner a observé que les vaches atteintes de la variole bovine ne semblaient pas contracter la variole humaine. Fort de cette observation, il a développé une méthode pour protéger les humains contre la variole en utilisant une substance extraite de pustules de vache, appelée vaccin (du mot latin "vacca", signifiant vache). Cette technique a été la première utilisation réussie d'un vaccin pour prévenir une maladie infectieuse.

L'invention de Jenner a marqué le début de la vaccination systématique. Au fil des années, d'autres scientifiques et chercheurs ont perfectionné et élargi la vaccination pour inclure de nombreuses autres maladies, telles que la polio, la rougeole, la grippe, la diphtérie, la coqueluche et bien d'autres encore. Les vaccins ont contribué de manière significative à la réduction de la morbidité et de la mortalité dues à ces maladies.

L'impact des vaccins sur la santé publique ne peut être surestimé. Ils ont sauvé d'innombrables vies, prévenu d'innombrables souffrances et ont même permis l'éradication de certaines maladies, comme la variole. Les vaccins sont aujourd'hui l'un des moyens les plus efficaces de prévenir la propagation des maladies infectieuses, et leur développement continue d'être un domaine de recherche et de progrès médical primordial. Ils sont également une composante essentielle de la réponse mondiale aux épidémies, comme cela a été démontré lors de la pandémie de COVID-19, où plusieurs vaccins ont été développés en un temps record pour protéger la population mondiale.

Antibiotiques : Traitement des Infections Bactériennes

L'avènement des antibiotiques a marqué une véritable révolution dans le domaine de la médecine et du traitement des infections bactériennes.

En 1928, Alexander Fleming, un microbiologiste britannique, en travaillant avec des cultures de bactéries, a constaté qu'une moisissure de *Penicillium notatum* avait inhibé la croissance des bactéries environnantes. Il avait découvert la pénicilline, un composé produit par la moisissure qui possédait des propriétés antibactériennes puissantes. Cette découverte a ouvert la porte à la possibilité de traiter les infections bactériennes de manière efficace.

Après la découverte de Fleming, la pénicilline a été isolée, purifiée et développée pour une utilisation médicale par Howard Florey et Ernst Boris Chain dans les années 1940. Ils ont réussi à produire suffisamment de pénicilline pour traiter des infections chez l'homme, ce qui a considérablement amélioré les chances de survie des patients atteints d'infections bactériennes graves.

Les antibiotiques, tels que la pénicilline, ont révolutionné le traitement des infections bactériennes. Avant leur découverte, de nombreuses infections pouvaient être mortelles et il n'existait souvent que des traitements limités, tels que la chirurgie. Les antibiotiques ont permis de lutter efficacement contre un large éventail de bactéries pathogènes, ce qui a sauvé d'innombrables vies et a considérablement amélioré les taux de survie des patients.

Cependant, il est important de noter que l'utilisation inappropriée ou excessive d'antibiotiques peut entraîner la résistance aux antibiotiques, un problème de santé publique croissant. Il est donc essentiel d'utiliser ces médicaments de manière responsable et de suivre les directives des professionnels de la santé pour éviter la surutilisation et la résistance aux antibiotiques.

Radiographie : Visualiser l'Intérieur du Corps sans Chirurgie

L'invention de la radiographie par Wilhelm Conrad Roentgen en 1895 a marqué un tournant majeur dans le domaine de la médecine et de l'imagerie médicale. Cette avancée technologique a ouvert la porte à une toute nouvelle façon de visualiser l'intérieur du corps humain, sans nécessiter de procédures invasives telles que la chirurgie exploratrice. Voici comment la radiographie a révolutionné la médecine :

1. *Découverte de l'effet des rayons X :* Roentgen a fait cette découverte de manière fortuite lorsqu'il travaillait avec

des tubes à rayons cathodiques dans son laboratoire. Il a remarqué que des émissions de rayons invisibles pouvaient traverser des matériaux solides et créer des images sur une plaque photographique. Ces rayons, qu'il a appelés "rayons X" en raison de leur nature inconnue, étaient capables de pénétrer à travers les tissus corporels, mais étaient absorbés différemment par les os, les organes et les tumeurs, ce qui les rendait visibles sur une image.

2. *Le développement de la radiographie médicale :* Roentgen a rapidement compris le potentiel médical de sa découverte et a commencé à expérimenter avec des plaques photographiques pour produire des images de parties du corps humain. Les premières radiographies ont été réalisées en plaçant une partie du corps entre la source de rayons X et la plaque photographique. Cette technique, appelée radiographie, a rapidement été adoptée en médecine pour le diagnostic et le suivi des maladies et des traumatismes.

3. *L'impact de la radiographie sur la médecine :* La radiographie a révolutionné la pratique médicale en permettant aux médecins de visualiser l'intérieur du corps sans avoir à recourir à des interventions chirurgicales invasives. Elle a été particulièrement utile pour le diagnostic des fractures osseuses, des infections pulmonaires, des tumeurs, des calculs rénaux et d'autres affections médicales. Elle a également permis de guider les chirurgiens lors de procédures plus complexes.

4. *L'évolution de la technologie radiographique :* Depuis la découverte initiale de Roentgen, la technologie radiographique a considérablement évolué. Les machines à rayons X modernes sont plus précises, plus rapides et moins exposantes aux radiations, ce qui les rend plus sûres pour les patients et les professionnels

de la santé. De plus, d'autres techniques d'imagerie médicale, telles que la tomodensitométrie (CT) et l'imagerie par résonance magnétique (IRM), ont élargi les possibilités de visualisation médicale.

Cette avancée a eu un impact considérable sur le diagnostic médical et a permis des progrès significatifs dans le domaine de la santé.

Anesthésie : Interventions Chirurgicales Moins Douloureuses et Plus Sûres

L'utilisation d'anesthésiques a indéniablement révolutionné la pratique médicale et les interventions chirurgicales en particulier. Ces substances ont permis de rendre les procédures médicales moins douloureuses, plus sûres et plus efficaces, ce qui a considérablement amélioré la qualité des soins de santé. Voici comment l'anesthésie a changé la donne dans le domaine médical :

1. *Soulagement de la douleur :* L'une des contributions les plus évidentes de l'anesthésie est le soulagement de la douleur. Avant l'avènement de l'anesthésie, les patients subissaient des interventions chirurgicales majeures dans une douleur extrême, ce qui entraînait souvent des conséquences psychologiques et physiologiques graves. L'anesthésie permet aux patients de ne pas ressentir la douleur pendant la chirurgie, ce qui améliore grandement leur confort et leur bien-être.

2. *Réduction du stress physique et mental :* L'anesthésie réduit le stress physique et mental associé aux interventions chirurgicales. Elle permet de réaliser des opérations plus longues et plus complexes en toute sécurité, car le patient reste inconscient et stable pendant la procédure. Cela donne aux chirurgiens le

temps et la tranquillité d'esprit nécessaires pour effectuer des opérations précises et détaillées.

3. *Prévention de réflexes involontaires* : L'anesthésie empêche les réflexes involontaires du corps, tels que les mouvements musculaires, qui pourraient perturber une intervention chirurgicale délicate. Cela permet aux chirurgiens de travailler de manière plus précise et d'éviter d'éventuelles complications.

4. *Réduction des risques :* Les anesthésiques contribuent à réduire les risques liés aux interventions chirurgicales. En maintenant le patient inconscient et stable, ils minimisent les réactions physiologiques indésirables qui pourraient survenir en réponse à la douleur ou au stress. De plus, l'anesthésie permet aux patients de tolérer des procédures médicales invasives qui seraient autrement intolérables.

5. *Progression de la chirurgie* : L'utilisation d'anesthésiques a ouvert la voie à des avancées médicales majeures en permettant la réalisation d'interventions chirurgicales complexes, telles que les transplantations d'organes, les chirurgies cardiaques et les opérations neurochirurgicales. Sans anesthésie, de nombreuses procédures médicales avancées seraient impossibles à réaliser.

6. *Personnalisation de l'anesthésie :* La médecine a évolué pour proposer des techniques d'anesthésie adaptées à chaque patient et à chaque type de chirurgie. Des anesthésistes qualifiés évaluent les besoins individuels en anesthésie, ce qui permet une personnalisation du traitement pour garantir la sécurité et le confort du patient.

L'utilisation d'anesthésiques a ainsi contribué à améliorer la qualité des soins de santé, à permettre des avancées médicales majeures et à offrir aux patients une meilleure expérience tout au long de leur parcours médical.

Découverte De l'ADN : Vers la Génétique et la Médecine Génomique

La découverte de la structure de l'ADN par James Watson et Francis Crick en 1953 a été un tournant majeur dans l'histoire de la science et de la médecine. Leur modèle en double hélice de l'ADN a révolutionné notre compréhension de la génétique, ouvrant la voie à des avancées considérables dans ce domaine. Voici comment cette découverte a influencé la recherche :

1. *Compréhension de la structure de l'ADN :* Watson et Crick ont élaboré un modèle moléculaire précis de la structure de l'ADN, montrant qu'il se composait de deux brins enroulés en double hélice, reliés par des paires de bases complémentaires (adénine avec thymine, et cytosine avec guanine). Cette structure a permis de comprendre comment l'information génétique est stockée et transmise.

2. *Révolution dans la génétique moléculaire :* La découverte de la structure de l'ADN a ouvert la voie à la génétique moléculaire, une discipline qui a permis d'étudier en détail les mécanismes sous-jacents à l'hérédité et à l'expression des gènes. Les chercheurs ont pu décrypter les séquences d'ADN, identifier les gènes responsables de diverses maladies génétiques et comprendre comment ces gènes sont régulés.

3. *Médecine génomique et thérapie génique :* La médecine génomique est née de la compréhension de l'ADN. Elle consiste à utiliser les informations génétiques d'un individu pour diagnostiquer des maladies, déterminer le risque de développer certaines affections et personnaliser les traitements médicaux. La découverte

de l'ADN a également ouvert la voie à la thérapie génique, qui vise à corriger les mutations génétiques responsables de certaines maladies en remplaçant ou en réparant des gènes défectueux.

4. *Avancées dans la recherche sur le cancer :* La compréhension de la génétique a été cruciale pour la recherche sur le cancer. Les mutations génétiques jouent un rôle clé dans le développement du cancer, et la génomique a permis d'identifier des cibles thérapeutiques spécifiques et de développer des thérapies ciblées pour le traitement du cancer.

5. *Applications en médecine préventive :* La génétique a également eu un impact majeur sur la médecine préventive. Les tests génétiques peuvent désormais révéler des prédispositions à certaines maladies, permettant ainsi aux individus de prendre des mesures préventives, telles que des changements de mode de vie ou une surveillance médicale accrue.

6. *Progrès dans la recherche sur les maladies rares :* La découverte de l'ADN a considérablement accéléré la recherche sur les maladies rares. En identifiant les mutations génétiques sous-jacentes à ces affections, les chercheurs ont pu développer des traitements plus ciblés et améliorer la prise en charge des patients atteints de maladies rares.

En somme, la découverte de la structure de l'ADN a permis des avancées majeures dans la compréhension des bases génétiques des maladies, le développement de nouvelles thérapies et la personnalisation des soins de santé.

Scanner CT : Images Détaillées en Coupe Transversale du Corps

L'invention du scanner CT (tomodensitométrie) a été une avancée révolutionnaire dans le domaine de l'imagerie médicale. Cette technologie, qui a été développée principalement dans les années 1970, a apporté des améliorations significatives par rapport aux méthodes d'imagerie médicale existantes à l'époque et a depuis révolutionné la manière dont les médecins diagnostiquent et traitent les patients. Voici comment le scanner CT a amélioré l'imagerie médicale :

1. *Images en coupe transversale :* La caractéristique la plus distinctive du scanner CT est sa capacité à produire des images en coupe transversale du corps humain. Plutôt que de fournir une seule image bidimensionnelle, le scanner CT capture des données sous forme de tranches fines du corps, permettant aux médecins d'observer les structures internes avec une grande précision.

2. *Visualisation détaillée :* Les images obtenues par scanner CT offrent une visualisation incroyablement détaillée des tissus, des organes et des structures anatomiques. Cela permet aux médecins de détecter des anomalies, des lésions, des fractures et d'autres problèmes de santé de manière beaucoup plus précise qu'avec d'autres méthodes d'imagerie.

3. *Diagnostic précis :* Le scanner CT a considérablement amélioré la capacité des médecins à diagnostiquer une large gamme de conditions médicales, y compris les cancers, les maladies cardiaques, les accidents vasculaires cérébraux, les traumatismes et les troubles du système musculo-squelettique. Les images en coupe

transversale permettent de localiser précisément les anomalies et d'orienter le traitement.

4. *Guidage des interventions médicales :* Le scanner CT est également utilisé pour guider des procédures médicales complexes, telles que la chirurgie guidée par imagerie, les biopsies, les drainages et la radiothérapie. Les médecins peuvent planifier et effectuer ces procédures avec une précision accrue en utilisant les informations fournies par le scanner CT en temps réel.

5. *Surveillance et suivi des traitements :* Le scanner CT est également essentiel pour la surveillance et le suivi des traitements. Les médecins peuvent observer l'évolution des tumeurs, des lésions ou d'autres conditions médicales au fil du temps, ce qui est crucial pour ajuster les stratégies de traitement.

6. *Rapidité et non-invasivité :* Les scanners CT modernes sont rapides et non invasifs, ce qui permet aux patients de subir des examens rapidement et avec un minimum de désagréments. Cela est particulièrement important dans les situations d'urgence ou pour les patients fragiles.

En résumé, l'invention du scanner CT a révolutionné l'imagerie médicale en fournissant des images en coupe transversale détaillées du corps humain. Cette technologie a grandement amélioré la capacité des médecins à diagnostiquer, traiter et surveiller les maladies.

IRM : Visualisation Avancée des Tissus Mous et des Organes Internes

L'imagerie par résonance magnétique (IRM) est une avancée majeure dans le domaine de l'imagerie médicale, offrant une capacité unique de visualisation des tissus mous et des organes internes du corps humain. Cette technologie a considérablement amélioré la capacité des médecins à diagnostiquer, à surveiller et à traiter diverses conditions médicales. Voici comment l'IRM a permis une visualisation avancée des tissus mous et des organes internes :

- *Images détaillées et en trois dimensions :* L'IRM produit des images en trois dimensions, offrant ainsi une vue détaillée des tissus mous, des organes internes, du cerveau et d'autres structures anatomiques. Cette capacité de visualisation en 3D permet aux médecins d'obtenir une meilleure compréhension de la structure et de la fonction des organes.

- *Contraste amélioré :* L'IRM peut ajuster les paramètres pour améliorer le contraste entre les différents types de tissus. Cela permet de distinguer clairement les tumeurs, les lésions, les inflammations et d'autres anomalies, même dans des régions anatomiques complexes.

- *Visualisation des tissus mous :* Contrairement aux rayons X et à la tomodensitométrie (CT), qui sont plus adaptés à la visualisation des tissus durs comme les os, l'IRM excelle dans la visualisation des tissus mous. Il est particulièrement utile pour les organes tels que le cerveau, le cœur, les muscles, les vaisseaux sanguins, le foie, les reins et les tissus du système musculo-squelettique.

- *Absence de radiation ionisante :* L'IRM n'utilise pas de rayonnement ionisant, contrairement aux rayons X et à la tomodensitométrie. Cela le rend particulièrement sûr pour les examens répétés et pour les groupes de patients plus vulnérables, comme les femmes enceintes et les enfants.

- *Guidage précis des interventions :* L'IRM est également utilisé pour guider des interventions médicales complexes, telles que les biopsies, les chirurgies du cerveau, les traitements de radiothérapie, les procédures d'ablation et les implantations de dispositifs médicaux. Il permet aux médecins d'atteindre avec précision la zone cible tout en minimisant les dommages aux tissus sains environnants.

- *Évolution technologique :* Au fil des ans, la technologie de l'IRM a connu des avancées significatives, notamment des aimants plus puissants, des séquences d'acquisition d'images plus rapides et des techniques d'IRM fonctionnelle (IRMf) pour étudier l'activité cérébrale en temps réel.

En somme, l'IRM a révolutionné l'imagerie médicale en fournissant une visualisation avancée des tissus mous et des organes internes du corps humain. Cette technologie a été essentielle pour le diagnostic précoce, la planification du traitement et le suivi des patients.

Pacemaker : Traitement des Troubles Cardiaques en Régulant le Rythme Cardiaque

L'invention du pacemaker a marqué un tournant décisif dans la prise en charge des troubles cardiaques, en permettant la régulation et la normalisation du rythme cardiaque chez les patients souffrant de problèmes de conduction électrique cardiaque. Le pacemaker est un dispositif médical implantable qui émet des impulsions électriques pour stimuler le muscle cardiaque à battre à un rythme régulier et approprié. Voici comment cette innovation a révolutionné le traitement des troubles cardiaques :

1. *Traitement des bradycardies :* Le pacemaker a été initialement développé pour traiter les bradycardies, un type de trouble cardiaque caractérisé par un rythme cardiaque anormalement lent. Avant l'invention du

pacemaker, les patients atteints de bradycardie sévère pouvaient éprouver des symptômes tels que des étourdissements, des évanouissements et une fatigue extrême en raison de l'incapacité de leur cœur à battre à un rythme adéquat.

2. *Normalisation du rythme cardiaque :* Le pacemaker est capable de détecter les irrégularités du rythme cardiaque et de fournir des impulsions électriques pour corriger ces anomalies. Il assure ainsi que le cœur bat à un rythme normal, permettant ainsi au patient de mener une vie plus normale et de prévenir les complications graves liées à un rythme cardiaque trop lent.

3. *Amélioration de la qualité de vie :* L'implantation d'un pacemaker a considérablement amélioré la qualité de vie des patients souffrant de troubles cardiaques. Les patients ayant un pacemaker peuvent retrouver leur énergie, leurs capacités physiques et leur autonomie, ce qui leur permet de continuer à mener une vie active et productive.

4. *Traitement des autres troubles du rythme cardiaque :* En plus de traiter la bradycardie, les pacemakers modernes sont également capables de traiter d'autres troubles du rythme cardiaque, tels que la tachycardie (rythme cardiaque excessivement rapide) et les blocs auriculoventriculaires (perturbations de la conduction électrique entre les oreillettes et les ventricules). Cela élargit considérablement la gamme d'applications du pacemaker.

5. *Avancées technologiques :* Les progrès technologiques ont permis de développer des pacemakers de plus en plus petits, fiables et sophistiqués. Certains pacemakers sont désormais capables d'ajuster automatiquement la fréquence des impulsions en fonction des besoins du

patient, ce qui permet une gestion encore plus précise des troubles du rythme cardiaque.

6. *Suivi à long terme :* Les patients porteurs de pacemakers bénéficient également d'un suivi médical à long terme pour s'assurer que le dispositif fonctionne correctement et pour ajuster les paramètres si nécessaire. Cela garantit une gestion optimale des troubles cardiaques sur le long terme.

Ainsi, l'invention du pacemaker a révolutionné le traitement des troubles cardiaques en permettant la régulation du rythme cardiaque, l'amélioration de la qualité de vie des patients et la prévention de complications potentiellement graves.

Transplantation : Remplacement d'Organes Défaillants

Les progrès dans les techniques de transplantation d'organes ont véritablement révolutionné la médecine et ont sauvé d'innombrables vies en permettant le remplacement d'organes défaillants. Cette avancée médicale a eu un impact majeur sur la qualité de vie des patients et a ouvert de nouvelles perspectives pour le traitement de nombreuses maladies graves. Voici comment les transplantations d'organes ont contribué à sauver des vies et à améliorer la santé :

1. *Sauvetage de vies en cas d'organe défaillant :* Les transplantations d'organes sont essentielles pour les patients dont un organe vital, tel que le cœur, les poumons, le foie, les reins ou le pancréas, ne fonctionne plus correctement. Ces interventions permettent de prolonger la vie et d'améliorer la qualité de vie des patients en remplaçant l'organe défaillant par un organe sain provenant d'un donneur compatible.

2. *Traitement des maladies chroniques :* Les transplantations d'organes offrent un traitement efficace pour de nombreuses maladies chroniques

graves, notamment l'insuffisance cardiaque, la cirrhose du foie, l'insuffisance rénale, la fibrose kystique et le diabète de type 1. Ces procédures permettent aux patients de retrouver une meilleure santé et d'éviter une progression débilitante de leur maladie.

3. *Amélioration de la qualité de vie :* Les patients qui subissent une transplantation d'organe peuvent retrouver une qualité de vie normale ou presque normale. Ils peuvent reprendre des activités quotidiennes, sociales et professionnelles, et réduire leur dépendance à la dialyse ou à d'autres traitements invasifs.

4. *Progrès dans la recherche médicale :* Les transplantations d'organes ont stimulé la recherche médicale dans le domaine de l'immunologie, de la transplantation et de la gestion des rejets. Ces avancées ont également profité à d'autres domaines de la médecine, améliorant notre compréhension du système immunitaire et des maladies auto-immunes.

5. *Prévention de la propagation de maladies :* Dans certains cas, les transplantations d'organes ont permis d'éviter la propagation de maladies héréditaires graves en remplaçant un organe malade par un organe sain. Par exemple, une transplantation de foie peut guérir une maladie du foie génétique, et une transplantation de moelle osseuse peut traiter certaines maladies du sang.

6. *Augmentation de la durée de vie :* Les transplantations d'organes ont considérablement prolongé la durée de vie de nombreux patients atteints de maladies graves. De nombreux patients vivent de nombreuses années, voire des décennies, après une transplantation réussie.

Cependant, il est important de noter que la transplantation d'organes présente des défis importants, notamment la disponibilité limitée d'organes donneurs et le risque de rejet par le système immunitaire. Pour résoudre ces problèmes, la recherche continue à travailler sur des solutions telles que le développement d'organes artificiels et la recherche sur la tolérance immunitaire.

Endoscopie : Explorer l'Intérieur du Corps Humain

L'endoscopie est une avancée majeure dans le domaine médical qui a considérablement amélioré notre capacité à explorer et à diagnostiquer l'intérieur du corps humain sans recourir à la chirurgie invasive. Cette technologie a révolutionné la médecine en permettant aux médecins d'observer en détail les organes et les tissus internes, ce qui a eu un impact significatif sur le diagnostic, le suivi et le traitement de diverses affections médicales. Voici comment l'endoscopie a transformé la pratique médicale :

1. *Exploration directe des organes internes :* L'endoscopie permet aux médecins d'explorer directement des parties du corps telles que le tube digestif, les voies respiratoires, les voies urinaires, les organes génitaux, les cavités articulaires et même le cerveau. Cette exploration directe fournit des informations précieuses sur l'état des organes et des tissus, ce qui facilite le diagnostic et la prise en charge des problèmes médicaux.

2. *Minimisation de la chirurgie invasive :* Avant l'avènement de l'endoscopie, de nombreuses procédures nécessitaient des interventions chirurgicales majeures pour examiner ou traiter des problèmes internes. L'endoscopie a permis de réduire considérablement le besoin de chirurgie invasive, ce qui réduit les risques, le temps de récupération et les complications postopératoires pour les patients.

3. *Diagnostic précoce des maladies :* L'endoscopie permet de détecter précocement des maladies telles que les cancers, les ulcères, les polypes, les infections et les lésions. Cela augmente considérablement les chances de traitement réussi, car les médecins peuvent intervenir à un stade précoce de la maladie.

4. *Biopsies et prélèvements :* Les endoscopes sont équipés d'instruments qui permettent aux médecins de réaliser des biopsies et des prélèvements de tissus en temps réel. Cela permet de diagnostiquer précisément les conditions médicales, de déterminer leur gravité et de guider le traitement approprié.

5. *Suivi et évaluation des traitements :* L'endoscopie est également utilisée pour surveiller l'évolution des affections médicales, l'efficacité des traitements et la cicatrisation des tissus après des interventions chirurgicales ou des procédures médicales.

6. *Personnalisation des soins de santé :* L'endoscopie permet des soins de santé plus personnalisés, car elle permet aux médecins d'adapter les traitements en fonction des caractéristiques spécifiques de chaque patient. Cela améliore les résultats et la satisfaction des patients.

7. *Évolution technologique :* Au fil des ans, l'endoscopie a bénéficié d'avancées technologiques majeures, notamment des endoscopes plus minces, des caméras haute résolution, des systèmes d'imagerie en temps réel et des instruments miniaturisés, ce qui a permis des examens et des procédures encore plus précis.

En résumé, l'endoscopie a révolutionné la pratique médicale en permettant une exploration interne non invasive du corps humain. Cette technologie a considérablement amélioré la capacité des médecins à diagnostiquer, à traiter et à surveiller une grande variété de conditions médicales.

Lutte contre le VIH : Développement de Médicaments Antirétroviraux

Le développement de médicaments antirétroviraux a marqué une avancée majeure dans la prise en charge du VIH (virus de l'immunodéficience humaine) et du sida (syndrome d'immunodéficience acquise). Ces médicaments ont considérablement transformé le paysage du traitement du VIH/sida depuis leur introduction dans les années 1990, apportant de l'espoir et améliorant considérablement la qualité de vie des personnes vivant avec le VIH. Voici comment les médicaments antirétroviraux ont révolutionné la prise en charge du VIH/sida :

1. *Suppression du VIH :* Les médicaments antirétroviraux, également appelés ARV, sont conçus pour inhiber la réplication du VIH dans l'organisme. Ils agissent en bloquant différentes étapes du cycle de vie du virus, ce qui permet de réduire considérablement la charge virale dans le corps. En conséquence, ces médicaments aident à maintenir le système immunitaire en bonne santé et à prévenir la progression du VIH vers le sida.

2. *Amélioration de la qualité de vie :* Avant l'ère des ARV, le VIH/sida était souvent une maladie mortelle avec un pronostic sombre. Les médicaments antirétroviraux ont transformé cette réalité en permettant aux personnes vivant avec le VIH de mener une vie normale et productive. Les ARV améliorent la santé globale, réduisent la fréquence des infections opportunistes et prolongent la durée de vie des patients.

3. *Prévention de la transmission :* Les ARV ont également un rôle crucial dans la prévention de la transmission du VIH. Lorsqu'une personne atteinte du VIH maintient une charge virale indétectable grâce aux médicaments, le risque de transmission du virus à des partenaires

sexuels est considérablement réduit. De plus, les ARV sont utilisés en prophylaxie pré-exposition (PrEP) chez les personnes à risque élevé de contracter le VIH.

4. *Simplification du traitement :* Au fil des années, les schémas thérapeutiques des ARV ont été simplifiés, réduisant ainsi la complexité des traitements et améliorant l'observance. Les combinaisons de médicaments une fois par jour ont considérablement facilité la gestion du VIH/sida.

5. *Traitement précoce :* Les lignes directrices de traitement ont évolué pour recommander un traitement antirétroviral précoce, même en l'absence de symptômes graves. Cette approche a montré qu'elle était bénéfique pour maintenir une santé à long terme et pour réduire le risque de transmission du VIH.

6. *Réduction de la stigmatisation :* Les ARV ont contribué à réduire la stigmatisation liée au VIH/sida, car les personnes séropositives en traitement présentent une charge virale indétectable et sont donc moins contagieuses. Cela a favorisé une meilleure compréhension et acceptation sociale des personnes vivant avec le VIH.

7. *Recherche continue :* Les ARV continuent d'évoluer avec des médicaments de nouvelle génération, de nouvelles formulations et des approches novatrices pour optimiser le traitement du VIH/sida et minimiser les effets secondaires.

Ainsi, le développement de médicaments antirétroviraux a révolutionné la prise en charge du VIH/sida en transformant une maladie potentiellement mortelle en une maladie chronique gérable. Ces médicaments ont permis de prolonger la vie des personnes vivant avec le VIH, de réduire la transmission du virus et d'améliorer la qualité de vie des patients.

Médicaments Anticancéreux : Ciblage Spécifique des Cellules Cancéreuses

Les médicaments anticancéreux ciblés ont apporté une avancée majeure dans le domaine du traitement du cancer en permettant une approche plus précise et personnalisée de la lutte contre cette maladie redoutable. Contrairement aux traitements conventionnels comme la chimiothérapie, qui peuvent affecter toutes les cellules en division, y compris les cellules saines, les médicaments anticancéreux ciblés sont conçus pour agir spécifiquement sur les cellules cancéreuses ou sur les mécanismes responsables de leur croissance. Voici comment ces médicaments ont révolutionné le traitement du cancer :

1. *Précision dans le ciblage des cellules cancéreuses :* Les médicaments anticancéreux ciblés sont conçus pour cibler des protéines ou des mécanismes spécifiques qui sont essentiels à la croissance ou à la survie des cellules cancéreuses. Cela signifie qu'ils peuvent attaquer les cellules cancéreuses de manière beaucoup plus précise, tout en minimisant les dommages aux cellules saines environnantes.

2. *Réduction des effets secondaires :* L'un des avantages majeurs des médicaments anticancéreux ciblés est leur capacité à réduire les effets secondaires indésirables. Contrairement à la chimiothérapie traditionnelle, qui peut causer des dommages aux cellules saines et entraîner des effets secondaires graves, les médicaments ciblés provoquent généralement moins d'effets indésirables, ce qui améliore la qualité de vie des patients.

3. *Personnalisation des traitements :* Les médicaments anticancéreux ciblés permettent une approche plus personnalisée du traitement. Les médecins peuvent

choisir le médicament en fonction des caractéristiques spécifiques du cancer d'un patient, comme ses mutations génétiques ou ses biomarqueurs, ce qui augmente les chances de succès du traitement.

4. *Régression des tumeurs :* Dans de nombreux cas, les médicaments anticancéreux ciblés peuvent provoquer la régression des tumeurs, ce qui signifie que les patients peuvent observer une réduction significative de la taille de leur tumeur ou même une disparition complète en réponse au traitement.

5. *Traitement de cancers résistants :* Les médicaments ciblés ont permis de traiter des cancers qui étaient résistants aux traitements traditionnels. Ils peuvent être utilisés en combinaison avec d'autres thérapies pour augmenter l'efficacité globale du traitement.

6. *Avancées dans la recherche sur le cancer :* Le développement des médicaments anticancéreux ciblés a stimulé la recherche sur le cancer en permettant de mieux comprendre les mécanismes biologiques sous-jacents aux différentes formes de la maladie. Cela a ouvert la voie à de nouvelles découvertes et à de nouvelles cibles thérapeutiques.

7. *Espoir pour les patients :* Les médicaments anticancéreux ciblés ont offert un nouvel espoir aux patients atteints de cancers avancés ou difficiles à traiter. Ils ont permis de prolonger la survie et d'améliorer la qualité de vie de nombreux patients atteints de cancer.

En somme, les médicaments anticancéreux ciblés ont révolutionné le traitement du cancer en offrant une approche plus précise, personnalisée et efficace pour lutter contre cette maladie. Ils ont amélioré la survie et la qualité de vie des patients, tout en ouvrant de nouvelles perspectives dans la lutte contre le cancer grâce à la recherche continue et au développement de thérapies ciblées innovantes.

Thérapie Génique : Modifier Génétiquement des Cellules Pour Traiter des Maladies Héréditaires

La thérapie génique est une avancée révolutionnaire dans le domaine médical qui ouvre de nouvelles possibilités de traitement en modifiant génétiquement des cellules pour traiter des maladies héréditaires et acquises. Cette approche novatrice a le potentiel de transformer la prise en charge des affections médicales en traitant la cause sous-jacente de la maladie au niveau génétique. Voici comment la thérapie génique a révolutionné la médecine et la manière dont elle offre de nouvelles perspectives pour le traitement de maladies héréditaires :

1. *Correction des anomalies génétiques :* La thérapie génique permet de corriger ou de remplacer les gènes défectueux responsables de maladies génétiques héréditaires. Elle vise à rétablir le fonctionnement normal des cellules en introduisant des versions saines du gène dans le corps.

2. *Traitement de maladies graves et rares :* La thérapie génique est particulièrement prometteuse pour le traitement de maladies rares et graves, telles que la mucoviscidose, la drépanocytose, la dystrophie musculaire de Duchenne et de nombreuses autres affections génétiques qui affectent un petit nombre de patients.

3. *Réduction de la progression de la maladie :* Dans certains cas, la thérapie génique vise à ralentir la progression de la maladie plutôt qu'à la guérir complètement. Par exemple, elle peut être utilisée pour

réduire les symptômes et améliorer la qualité de vie des patients atteints de maladies dégénératives.

4. *Approche personnalisée :* La thérapie génique peut être adaptée à chaque patient en fonction de ses caractéristiques génétiques spécifiques. Cela permet de concevoir des traitements sur mesure qui prennent en compte les variations génétiques individuelles.

5. Réduction des effets secondaires : Contrairement à certains traitements médicamenteux, la thérapie génique vise à cibler spécifiquement les cellules ou les tissus affectés, ce qui réduit les effets secondaires indésirables.

6. *Recherche et développement continus :* La recherche dans le domaine de la thérapie génique est en constante évolution, avec de nouvelles approches et de nouvelles technologies qui élargissent les possibilités de traitement. Les scientifiques travaillent sur des vecteurs plus efficaces, des techniques de livraison améliorées et des stratégies de régulation génique pour maximiser l'efficacité de la thérapie génique.

7. *Traitement de maladies acquises :* Outre les maladies génétiques, la thérapie génique est également explorée pour le traitement de maladies acquises telles que le cancer, le VIH/sida et certaines maladies neurodégénératives. Elle offre la possibilité de modifier les cellules du patient pour les rendre plus résistantes ou pour cibler spécifiquement les cellules malignes.

8. *Espoir pour les patients :* La thérapie génique offre de l'espoir aux patients atteints de maladies incurables en offrant la perspective de traitements novateurs et de meilleures perspectives de survie et de qualité de vie.

En résumé, la thérapie génique a révolutionné la médecine en permettant de traiter des maladies au niveau génétique, en offrant des perspectives de guérison ou de gestion améliorée des affections médicales. Cette approche innovante ouvre de nouvelles possibilités pour le traitement de maladies héréditaires et acquises, tout en continuant à évoluer grâce à la recherche scientifique constante dans ce domaine prometteur.

Télémédecine : Consultation Médicale à Distance

La télémédecine, également connue sous le nom de téléconsultation médicale, a révolutionné la prestation des soins de santé en exploitant les avancées technologiques pour permettre la consultation médicale à distance et la surveillance des patients à distance. Cette évolution a eu un impact significatif sur la manière dont les soins de santé sont dispensés et a ouvert de nouvelles possibilités pour l'accès aux services médicaux. Voici comment la télémédecine a transformé la pratique médicale :

1. *Accès aux soins :* La télémédecine élimine les obstacles géographiques en permettant aux patients de consulter des médecins et des spécialistes de n'importe où, notamment dans les régions éloignées ou mal desservies en matière de soins de santé. Cela améliore considérablement l'accessibilité aux soins médicaux.

2. *Réduction des délais d'attente :* La télémédecine permet aux patients de bénéficier de consultations médicales plus rapidement, réduisant ainsi les délais d'attente pour obtenir un rendez-vous avec un médecin. Cela est particulièrement important pour les patients ayant besoin de soins immédiats ou pour ceux qui vivent dans des régions où les services médicaux sont limités.

3. *Consultations de suivi :* Les consultations de suivi peuvent être facilement réalisées à distance, ce qui évite aux patients de se déplacer fréquemment pour

des consultations non urgentes. Cela simplifie la gestion des maladies chroniques et améliore l'observance des traitements.

4. *Surveillance continue des patients :* La télémédecine permet la surveillance à distance des patients atteints de maladies chroniques ou en convalescence. Les dispositifs médicaux connectés, tels que les moniteurs de pression artérielle et les glucomètres, peuvent transmettre des données en temps réel aux professionnels de la santé, permettant un suivi étroit de l'état des patients.

5. *Réduction des coûts :* La télémédecine peut réduire les coûts pour les patients et les établissements de soins de santé en évitant les déplacements inutiles, les frais de transport et les frais de consultation. Elle permet également d'économiser du temps et des ressources pour les professionnels de la santé.

6. *Accès aux spécialistes :* Les patients peuvent consulter plus facilement des spécialistes médicaux, même s'ils ne sont pas disponibles localement. Cela permet d'obtenir des avis spécialisés sans avoir à voyager sur de longues distances.

7. *Urgences médicales :* La télémédecine peut être utilisée pour des consultations en cas d'urgence médicale, ce qui peut sauver des vies en fournissant rapidement des conseils médicaux et en orientant les patients vers les soins appropriés.

8. *Confidentialité et sécurité :* Les systèmes de télémédecine sont conçus pour garantir la confidentialité des informations médicales des patients et pour respecter les normes de sécurité des données de santé.

9. *Évolution technologique :* La télémédecine continue d'évoluer avec les avancées technologiques, notamment l'intelligence artificielle, la réalité virtuelle et la télésurveillance, qui élargissent encore les possibilités d'application.

En résumé, la télémédecine a révolutionné la prestation des soins de santé en offrant des consultations médicales à distance et en permettant la surveillance continue des patients. Cette approche innovante améliore l'accessibilité aux soins, réduit les délais d'attente, optimise la gestion des maladies chroniques et offre une solution précieuse pour les patients et les professionnels de la santé.

Médecine Régénérative : Régénérer les Tissus et les Organes Endommagés

La médecine régénérative est un domaine de la médecine qui explore et exploite le potentiel de régénération des tissus et des organes du corps humain. Cette discipline révolutionnaire offre de nouvelles perspectives passionnantes pour le traitement de maladies graves, de lésions traumatiques et de conditions médicales débilitantes en cherchant à réparer, restaurer ou remplacer les tissus endommagés ou malades. Voici comment la médecine régénérative a transformé la pratique médicale :

1. *Régénération des tissus :* L'objectif principal de la médecine régénérative est de stimuler la régénération naturelle des tissus du corps. Cela inclut la régénération des muscles, des os, de la peau, des nerfs, du cartilage, des vaisseaux sanguins, des organes et d'autres structures corporelles.

2. *Traitement des lésions et des traumatismes :* La médecine régénérative offre des solutions pour traiter les lésions traumatiques, telles que les fractures osseuses complexes, les brûlures sévères et les lésions

médullaires. Elle peut accélérer la guérison et restaurer la fonction dans de nombreux cas.

3. *Traitement des maladies dégénératives* : Elle est également prometteuse pour le traitement des maladies dégénératives, notamment les maladies neurodégénératives comme la maladie de Parkinson et la maladie d'Alzheimer, ainsi que les maladies cardiaques, pulmonaires et hépatiques.

4. *Thérapies cellulaires* : La médecine régénérative utilise des thérapies cellulaires pour stimuler la réparation et la régénération des tissus. Cela peut inclure l'utilisation de cellules souches, de cellules de remplacement, de cellules programmées ou de cellules modifiées génétiquement.

5. *Ingénierie tissulaire* : Les avancées dans le domaine de l'ingénierie tissulaire permettent la création de tissus et d'organes artificiels en laboratoire, qui peuvent être utilisés pour remplacer des parties du corps endommagées ou malades. Cela inclut la création d'organes tels que le cœur, le foie, les reins et la peau en utilisant des techniques de bioimpression 3D.

6. *Réduction du rejet* : La médecine régénérative vise à minimiser les problèmes de rejet associés aux greffes d'organes en utilisant des cellules ou des tissus du propre corps du patient, ou en utilisant des matériaux biocompatibles.

7. *Personnalisation des traitements* : Chaque patient peut bénéficier de traitements de médecine régénérative personnalisés, adaptés à leurs besoins spécifiques en fonction de leur condition médicale et de leurs caractéristiques génétiques.

8. *Évolution de la recherche* : La médecine régénérative continue de progresser avec de nouvelles découvertes

et de nouvelles technologies. Les chercheurs explorent des approches novatrices, telles que la modification génétique, la régulation des cellules souches et la thérapie génique, pour améliorer l'efficacité des traitements régénératifs.

9. *Espoir pour les patients :* La médecine régénérative offre un nouvel espoir pour de nombreux patients atteints de maladies graves ou de lésions graves en offrant des options de traitement potentiellement curatives.

En résumé, la médecine régénérative est un domaine révolutionnaire qui explore la possibilité de régénérer les tissus et les organes du corps humain, offrant ainsi de nouvelles perspectives pour le traitement de nombreuses affections médicales.

Robotique Médicale : Assister les Chirurgiens dans des Interventions Complexes

La robotique médicale est un domaine en constante évolution qui a révolutionné la pratique médicale en utilisant des robots et des technologies automatisées pour assister les chirurgiens dans des interventions complexes et pour améliorer la prestation des soins de santé. Cette avancée technologique a ouvert de nouvelles possibilités dans divers domaines médicaux, de la chirurgie à la réhabilitation en passant par la télémédecine. Voici comment la robotique médicale a transformé la médecine et les soins de santé :

1. *Chirurgie assistée par robot :* La chirurgie assistée par robot est l'une des applications les plus connues de la robotique médicale. Les robots chirurgicaux sont utilisés pour effectuer des interventions chirurgicales complexes avec une grande précision. Les avantages incluent une meilleure précision, une vision 3D

améliorée et une réduction des mouvements tremblants, ce qui peut entraîner des résultats chirurgicaux plus précis et une récupération plus rapide pour les patients.

2. *Micro-chirurgie et procédures mini-invasives :* Les robots médicaux permettent aux chirurgiens de réaliser des interventions mini-invasives, y compris la micro-chirurgie, avec une précision accrue. Cela signifie des incisions plus petites, moins de douleur postopératoire et un temps de récupération plus court pour les patients.

3. *Réduction des risques :* La robotique médicale peut réduire les risques associés à certaines interventions chirurgicales en minimisant les erreurs humaines. Les robots peuvent être programmés pour effectuer des mouvements précis, éliminant ainsi le risque de fatigue du chirurgien.

4. *Télémédecine :* Les robots peuvent être utilisés pour permettre la télémédecine, où les médecins peuvent consulter et diagnostiquer les patients à distance en utilisant des robots équipés de caméras et de capteurs. Cela est particulièrement utile dans les régions éloignées ou mal desservies en matière de soins de santé.

5. *Réhabilitation robotisée :* La réhabilitation robotisée est utilisée pour aider les patients à récupérer après des blessures ou des accidents vasculaires cérébraux. Les robots peuvent aider les patients à regagner leur mobilité, leur force et leur coordination.

6. *Précision diagnostique :* Les robots médicaux peuvent être utilisés pour des procédures de diagnostic précises, telles que la biopsie guidée par robot, permettant aux médecins de prélever des échantillons de tissus avec une grande précision.

7. *Éducation et formation :* Les robots médicaux sont également utilisés pour l'éducation et la formation des futurs chirurgiens. Ils permettent aux étudiants en médecine de pratiquer des procédures chirurgicales de manière sécurisée et contrôlée.

8. *Évolution continue :* La robotique médicale continue de progresser avec de nouvelles innovations, notamment l'intelligence artificielle, la réalité virtuelle et la robotique molle, qui élargissent les possibilités d'application.

En résumé, la robotique médicale a transformé la pratique médicale en améliorant la précision, la sécurité et l'efficacité des interventions chirurgicales et des soins de santé. Elle offre de nouvelles opportunités pour la prestation de soins médicaux avancés.

Nanomédecine : Traitements et Diagnostics Plus Précis à l'Échelle Nanométrique

La nanomédecine est un domaine de la médecine qui exploite les nanotechnologies pour développer des traitements et des diagnostics plus précis à l'échelle nanométrique, c'est-à-dire à l'échelle des nanomètres (un milliardième de mètre). Cette discipline révolutionnaire a le potentiel de transformer la manière dont nous diagnostiquons, traitons et prévenons les maladies en utilisant des matériaux et des techniques à l'échelle nanométrique. Voici comment la nanomédecine a révolutionné la médecine moderne :

1. *Précision diagnostique :* Les nanoparticules et les nanomatériaux peuvent être utilisés dans les tests de diagnostic pour détecter des biomarqueurs spécifiques associés à des maladies, y compris le cancer, les infections et les maladies neurodégénératives. Les tests

à base de nanotechnologie offrent une précision accrue et peuvent détecter les maladies à un stade précoce.

2. *Thérapies ciblées :* La nanomédecine permet le développement de thérapies ciblées qui délivrent des médicaments directement aux cellules ou aux tissus malades tout en minimisant les effets secondaires sur les tissus sains. Les nanoparticules peuvent être fonctionnalisées pour cibler spécifiquement les cellules cancéreuses ou les agents pathogènes, améliorant ainsi l'efficacité du traitement.

3. *Administration de médicaments :* Les nanosystèmes de libération de médicaments permettent une libération contrôlée et prolongée des médicaments, augmentant leur efficacité thérapeutique et réduisant la fréquence des doses.

4. *Imagerie médicale :* Les nanoparticules peuvent être utilisées comme agents de contraste pour améliorer l'imagerie médicale, notamment l'imagerie par résonance magnétique (IRM), la tomographie par émission de positrons (PET) et la tomographie par émission de photons simples (SPECT). Cela permet des diagnostics plus précis et une visualisation améliorée des tissus et des organes.

5. *Thérapies géniques :* Les nanovecteurs peuvent être utilisés pour transporter des matériaux génétiques, tels que l'ADN ou l'ARN, dans les cellules cibles pour traiter des maladies génétiques ou pour réguler l'expression génique.

6. *Réduction des effets secondaires :* En ciblant spécifiquement les cellules malades et en minimisant l'exposition des tissus sains aux médicaments, la nanomédecine peut réduire considérablement les effets secondaires des traitements.

7. *Détection précoce de maladies :* Les nanotechnologies permettent le développement de capteurs miniaturisés et sensibles qui peuvent détecter les signes précoces de maladies à un stade où elles sont plus faciles à traiter.

8. *Microchirurgie :* La nanochirurgie utilise des nanoinstruments pour réaliser des interventions chirurgicales précises à l'échelle cellulaire. Cela peut être utile pour retirer des tumeurs ou effectuer des réparations détaillées.

9. *Évolution continue :* La nanomédecine continue de progresser avec de nouvelles découvertes et de nouvelles applications, notamment l'utilisation de nanorobots pour la délivrance ciblée de médicaments et l'exploration de nouvelles thérapies basées sur les nanotechnologies.

Ainsi, la nanomédecine a révolutionné la médecine moderne en offrant des approches plus précises et personnalisées pour le diagnostic, le traitement et la prévention des maladies.

En conclusion, nous avons mis en lumière l'impact révolutionnaire des inventions sur la pratique médicale. De la découverte de la vaccination à l'avènement de la radiologie et au développement des antibiotiques, ces progrès ont redéfini la façon dont les maladies sont diagnostiquées, traitées et prévenues. En explorant ces innovations, nous prenons conscience de l'immense progrès réalisé dans le domaine de la santé et de la manière dont ces inventions continuent de façonner notre compréhension et notre approche de la médecine moderne.

Chapitre 8 : Les Figures Emblématiques de la Médecine

Voici un aperçu des figures les plus influentes de l'histoire de la médecine, dont les contributions ont été essentielles pour faire progresser la science médicale. Ces figures emblématiques ont laissé une marque indélébile dans le domaine de la médecine grâce à leurs découvertes révolutionnaires, leurs avancées médicales et leur dévouement à l'amélioration des soins de santé. Leur héritage perdure à travers les siècles, continuant d'inspirer et de guider les professionnels de la santé dans leur quête pour comprendre et traiter les maladies.

Imhotep (2700 Av. J.-C.) - Médecin Égyptien Ancien

Imhotep, né vers 2700 av. J.-C., est une figure éminente de l'histoire de la médecine et est souvent considéré comme le père de la médecine égyptienne et l'un des premiers médecins connus de l'histoire. Voici quelques détails sur son importance et ses contributions à la médecine antique :

1. *Médecin polyvalent :* Imhotep était un personnage polymorphe de l'Égypte antique, servant en tant qu'architecte, prêtre, écrivain, et médecin. Cependant, sa réputation la plus durable réside dans le domaine de la médecine.

2. *Connaissance médicale :* Imhotep avait une connaissance approfondie de l'anatomie humaine, des maladies et de leurs traitements. Il a compilé et

transmis ses connaissances dans des écrits médicaux, dont certains ont survécu à ce jour.

3. *Traitements médicaux :* Il a élaboré des traitements pour divers maux, y compris des recettes pour des onguents, des baumes et des remèdes à base de plantes pour soulager les douleurs, les maladies et les infections.

4. *Influence sur la médecine :* Les méthodes et les connaissances médicales d'Imhotep ont influencé la pratique médicale en Égypte et ont été transmises aux médecins de l'Antiquité. Son travail a jeté les bases de la médecine égyptienne, qui a elle-même contribué à l'évolution de la médecine grecque et de la médecine occidentale ultérieure.

Bien que ses écrits médicaux originaux aient en grande partie disparu, Imhotep est toujours vénéré comme une figure emblématique de la médecine antique et est une source d'inspiration pour les médecins et les chercheurs du monde entier.

Hippocrate (460-370 Av. J.-C.) - Père De La Médecine Moderne, Il a Établi le Serment d'Hippocrate

Hippocrate, un médecin grec de l'Antiquité, est une figure emblématique de la médecine dont l'influence perdure jusqu'à nos jours. Voici quelques détails supplémentaires sur sa vie et ses contributions significatives à la médecine :

1. *Contexte historique :* Hippocrate est né vers 460 av. J.-C. sur l'île grecque de Cos, et il a exercé la médecine en Grèce antique, une période où la médecine était encore fortement imprégnée de croyances religieuses et de superstitions.

2. *Père de la médecine occidentale :* Hippocrate est souvent qualifié de "père de la médecine occidentale" en raison de son influence durable sur la manière dont la médecine est pratiquée et enseignée. Il a été l'un des premiers à promouvoir une approche rationnelle de la médecine, fondée sur l'observation clinique et l'analyse des symptômes plutôt que sur des explications surnaturelles ou magiques des maladies.

3. *Serment d'Hippocrate :* Hippocrate est également célèbre pour avoir rédigé le serment d'Hippocrate, un code d'éthique médicale qui a posé les bases de l'éthique médicale moderne. Ce serment, prêté par les médecins lors de leur entrée dans la profession, met l'accent sur des principes tels que la confidentialité, la bienveillance envers les patients, l'engagement envers la recherche médicale éthique et l'abstention de causer intentionnellement du tort.

4. *Méthode scientifique :* Hippocrate a contribué à l'adoption de la méthode scientifique en médecine, encourageant les médecins à recueillir des données empiriques sur les maladies, à observer les symptômes et à établir des corrélations entre les facteurs environnementaux, les modes de vie et les conditions de santé. Cette approche a permis de développer une compréhension plus rationnelle des maladies.

5. *Observation clinique :* Hippocrate a mis en avant l'importance de l'observation clinique et de la prise en compte des caractéristiques individuelles des patients dans le diagnostic et le traitement des maladies. Il a également insisté sur la nécessité de tenir des dossiers médicaux précis.

6. *Concept de causalité naturelle :* L'une des contributions les plus fondamentales d'Hippocrate à la médecine a été sa promotion de l'idée que les maladies avaient des

causes naturelles plutôt que des origines surnaturelles ou divines. Cela a marqué un changement radical dans la pensée médicale de l'époque et a jeté les bases de l'approche scientifique de la médecine.

L'influence d'Hippocrate sur la médecine a perduré pendant des siècles et continue de se faire sentir dans la formation médicale, l'éthique médicale et l'approche scientifique de la médecine moderne.

Galien (129-216) - Médecin Grec dont les Travaux ont Influencé la Médecine pendant des Siècles

Galien, également connu sous le nom de Claudius Galenus, était un médecin grec né en 129 après J.-C. et décédé en 216 après J.-C. Il est considéré comme l'une des figures les plus influentes de l'histoire de la médecine et ses travaux ont exercé une immense influence sur la pratique médicale pendant de nombreux siècles. Voici une exploration plus approfondie de son importance et de ses contributions à la médecine :

1. *Éducation et formation :* Galien a étudié la médecine à Alexandrie, l'un des centres médicaux les plus renommés de l'Antiquité, avant de devenir médecin personnel de l'empereur romain Marc Aurèle. Il a également étudié la philosophie, la logique et les sciences naturelles, ce qui a contribué à sa pensée médicale globale.

2. *Travaux médicaux :* Galien a écrit de nombreux ouvrages médicaux qui ont couvert divers aspects de la médecine, de la pharmacologie à l'anatomie en passant par la physiologie. Ses écrits ont été traduits en latin et sont devenus des textes de référence pour les médecins de l'Antiquité et du Moyen Âge.

3. *Théorie des humeurs :* L'une des théories les plus influentes de Galien était celle des humeurs

corporelles. Il a soutenu que la santé dépendait de l'équilibre des quatre humeurs (sang, bile noire, bile jaune et phlegme) dans le corps. Cette théorie a dominé la médecine occidentale pendant plus d'un millénaire.

4. *Méthode empirique* : Galien était également un partisan de la méthode empirique, encourageant les médecins à observer attentivement les symptômes et à recueillir des données cliniques pour guider leurs diagnostics et leurs traitements. Cette approche a été un élément clé de sa pensée médicale.

5. *Anatomie et dissection* : Bien que les croyances religieuses de l'époque interdisaient la dissection humaine, Galien a réalisé des dissections animales pour mieux comprendre l'anatomie. Cependant, certaines de ses interprétations anatomiques étaient incorrectes, ce qui a eu un impact sur la compréhension de l'anatomie pendant des siècles.

Les œuvres de Galien ont été largement acceptées et enseignées pendant plus de 1 500 ans, influençant profondément la médecine médiévale et la médecine islamique. Même si certaines de ses idées se sont révélées incorrectes à la lumière de la médecine moderne, son héritage dans le développement de la pensée médicale reste incontestable.

Avicenne (980-1037) - Philosophe et Médecin Perse dont le "Canon De La Médecine" était un Texte de Référence

Avicenne, également connu sous son nom latinisé d'Ibn Sina, était un philosophe et médecin perse du Xe et XIe siècle (980-1037) dont l'influence s'est étendue bien au-delà de son époque. Ses contributions à la médecine et à la philosophie ont été majeures, et son ouvrage le plus célèbre, le "Canon de la médecine" (Al-Qanun fi al-Tibb en arabe), est resté un texte de référence pendant des siècles. Voici une exploration de son importance et de ses réalisations dans ces domaines :

1. *Éducation et formation :* Avicenne a reçu une éducation multidisciplinaire, couvrant la médecine, la philosophie, les mathématiques, la logique et les sciences naturelles. Ses études l'ont amené à maîtriser diverses disciplines, ce qui a enrichi sa pensée médicale.

2. *Le "Canon de la médecine" :* Son œuvre la plus célèbre, le "Canon de la médecine", est une encyclopédie médicale en cinq volumes. Ce texte a eu un impact immense sur la pratique médicale en Europe et au Moyen-Orient pendant des siècles. Il a été utilisé comme manuel de médecine dans les universités européennes jusqu'au XVIIe siècle.

3. *Théorie médicale :* Dans le "Canon de la médecine", Avicenne a synthétisé les connaissances médicales de l'Antiquité grecque, de la médecine islamique préexistante et des traditions médicales perses. Il a développé une théorie médicale basée sur la notion d'équilibre des humeurs corporelles, similaire à celle de Galien.

4. *Pharmacologie et traitements :* Avicenne a consacré une grande partie de son ouvrage à la pharmacologie et à la description de nombreuses substances médicinales. Il a également proposé des traitements pour diverses affections, mettant l'accent sur l'utilisation de médicaments à base de plantes.

5. *Méthode scientifique :* Il a promu l'importance de la méthode scientifique en médecine, encourageant les médecins à utiliser l'observation, l'expérimentation et la documentation systématique des symptômes et des traitements.

L'influence d'Avicenne s'est étendue bien au-delà de la médecine. En philosophie, il a été un pilier de la philosophie islamique et a contribué à la transmission des œuvres d'Aristote à l'Europe médiévale. Ses contributions à la médecine et à la philosophie ont façonné la pensée occidentale pendant des siècles.

Paracelse (1493-1541) - Alchimiste et Médecin Suisse qui a Contribué à l'Avancement de la Pharmacologie

Paracelse, de son vrai nom Theophrastus von Hohenheim, était un alchimiste, médecin et philosophe suisse du XVIe siècle, né en 1493 et décédé en 1541. Il est reconnu pour avoir apporté des contributions significatives à la médecine, à la chimie et à la pharmacologie de son époque. Voici un aperçu plus détaillé de sa vie et de son influence dans ces domaines :

1. *Formation éclectique :* Paracelse a reçu une éducation variée, étudiant la médecine, la chimie, l'astrologie et l'alchimie. Son apprentissage était influencé par la pensée médiévale, mais il a également remis en question de nombreuses traditions médicales et alchimiques de son époque.

2. *Réforme médicale :* L'une des contributions les plus marquantes de Paracelse à la médecine a été sa remise en question des enseignements traditionnels et de l'autorité des anciens, comme Galien et Avicenne. Il a plaidé pour une médecine fondée sur l'observation empirique, le diagnostic clinique et l'utilisation de traitements spécifiques pour des maladies spécifiques.

3. *Pharmacologie et chimie :* Paracelse est considéré comme un précurseur de la pharmacologie moderne. Il a introduit le concept de dose dans la médecine en soulignant l'importance de l'administration précise des médicaments. Il a également contribué à l'utilisation de

223

nouvelles substances chimiques dans la médecine, élargissant ainsi la pharmacopée.

4. *La doctrine des signatures :* Paracelse a développé la doctrine des signatures, une théorie selon laquelle la forme et la couleur des plantes médicinales indiquaient leurs propriétés curatives. Bien que cette théorie ait été critiquée, elle a eu une influence sur la recherche de nouvelles substances médicinales.

5. *L'alchimie :* En plus de sa carrière médicale, Paracelse était un alchimiste actif, cherchant à transmuter des métaux en or et à découvrir la pierre philosophale, une quête alchimique classique. Bien que ces recherches aient été infructueuses sur le plan alchimique, elles ont contribué à l'avancement de la chimie.

Paracelse a été une figure controversée en son temps, souvent en conflit avec d'autres médecins et autorités médicales. Malgré cela, son influence a perduré, et il est considéré comme un précurseur de la médecine moderne et de la chimie.

Andreas Vesalius (1514-1564) - Fondateur de l'Anatomie Moderne avec son Œuvre "*De Humani Corporis Fabrica*"

Andreas Vesalius, né en 1514 et décédé en 1564, était un médecin flamand et anatomiste renommé de la Renaissance. Il est célèbre pour son œuvre pionnière intitulée "De humani corporis fabrica" (Sur la structure du corps humain), qui a révolutionné la compréhension de l'anatomie humaine et est considérée comme le fondement de l'anatomie moderne. Voici un aperçu plus détaillé de sa vie et de ses réalisations :

1. *Formation et éducation :* Vesalius a étudié la médecine à l'Université de Louvain en Belgique, puis à l'Université de Paris, où il a été exposé aux enseignements médicaux de l'époque, fortement influencés par Galien.

Cependant, il a rapidement développé des doutes sur les enseignements traditionnels de l'anatomie.

2. *Révolution de l'anatomie :* La publication de "De humani corporis fabrica" en 1543 a été un événement marquant dans l'histoire de la médecine. L'ouvrage était une somptueuse étude anatomique illustrée qui décrivait l'anatomie humaine avec une précision inégalée jusqu'alors. Vesalius a réalisé des dissections humaines minutieuses pour vérifier par lui-même les structures anatomiques et a corrigé de nombreuses erreurs présentes dans les œuvres précédentes.

3. *Importance des illustrations :* L'un des aspects les plus remarquables de "De humani corporis fabrica" était la qualité de ses illustrations, réalisées par l'artiste flamand Jan Stephen van Calcar. Les illustrations détaillées et précises ont permis aux lecteurs de visualiser les structures anatomiques avec une précision inégalée à l'époque.

4. *Opposition et acceptation :* Vesalius a rencontré de fortes oppositions de la part des autorités médicales et religieuses de l'époque, car ses découvertes remettaient en cause les enseignements traditionnels de Galien. Cependant, son travail a finalement été accepté et a eu un impact majeur sur l'enseignement de l'anatomie à travers l'Europe.

L'œuvre de Vesalius a ouvert la voie à une nouvelle ère de l'anatomie et a encouragé d'autres anatomistes à suivre son exemple en effectuant des dissections humaines précises. Son approche scientifique de l'anatomie a contribué à l'avancement des sciences médicales et a jeté les bases de l'anatomie moderne.

Ambroise Paré (1510-1590) - Chirurgien Français qui a Amélioré les Pratiques Chirurgicales

Ambroise Paré, né en 1510 et décédé en 1590, était un chirurgien français renommé de la Renaissance. Connu comme le père de la chirurgie moderne, Paré a apporté des contributions significatives à l'amélioration des pratiques chirurgicales et à l'élaboration de méthodes plus sûres et plus efficaces pour traiter les blessures et les maladies.

1. *Formation et éducation :* Paré a commencé sa carrière en tant qu'apprenti chez un barbier-chirurgien, où il a acquis une expérience pratique en assistant à des opérations chirurgicales et en apprenant les bases de la médecine de l'époque. Il a ensuite poursuivi ses études à Paris, où il a étudié l'anatomie, la physiologie et les techniques chirurgicales.

2. *Innovations chirurgicales :* Paré est célèbre pour avoir introduit plusieurs innovations importantes dans le domaine de la chirurgie. Il a notamment développé de nouvelles techniques pour traiter les blessures par armes à feu, remplaçant les cautérisations brutales par des méthodes plus douces et moins douloureuses. Paré a également amélioré les techniques de ligature des vaisseaux sanguins, réduisant ainsi le risque de saignement excessif lors des interventions chirurgicales.

3. Utilisation de l'anatomie : Contrairement à certains de ses contemporains, Paré s'appuyait sur une connaissance approfondie de l'anatomie humaine pour guider ses interventions chirurgicales. Il a réalisé des dissections anatomiques pour mieux comprendre la structure et la fonction du corps humain, ce qui lui a permis de développer des techniques chirurgicales plus précises et plus efficaces.

Les contributions de Paré à la chirurgie ont été largement reconnues de son vivant, et il a été nommé chirurgien du roi Henri II de France. Son œuvre majeure, *"Les œuvres d'Ambroise Paré"*, est devenue une référence incontournable dans le domaine de la chirurgie.

William Harvey (1578-1657) – Découverte de la Circulation Sanguine

William Harvey, né en 1578 et décédé en 1657, était un médecin et anatomiste anglais qui est surtout connu pour sa découverte majeure de la circulation sanguine, une avancée révolutionnaire dans la compréhension du système cardiovasculaire humain. Voici une exploration plus approfondie de sa vie et de ses contributions à la médecine :

1. *Formation et éducation :* William Harvey a étudié la médecine à l'Université de Cambridge avant de poursuivre ses études de médecine à l'Université de Padoue en Italie, un centre médical de premier plan à l'époque. Il y a été influencé par les travaux de Galien et d'Andreas Vesalius.

2. *La découverte de la circulation sanguine :* La contribution la plus célèbre de Harvey à la médecine a été sa découverte de la circulation sanguine. En 1628, il a publié son ouvrage majeur, *"Exercitatio Anatomica de Motu Cordis et Sanguinis in Animalibus"* (L'exercice anatomique sur le mouvement du cœur et du sang dans les animaux), dans lequel il a exposé sa théorie de la circulation sanguine.

3. *La circulation sanguine :* Harvey a démontré que le cœur agit comme une pompe pour propulser le sang à travers le corps. Il a expliqué que le sang circule de manière continue dans un système de vaisseaux sanguins, ce qui contredisait la croyance précédente en

un système de deux types de sang circulant dans le corps.

4. *Preuves expérimentales :* Pour étayer sa théorie, Harvey a mené de nombreuses dissections animales et a réalisé des expériences sur la circulation sanguine, notamment en observant le rythme cardiaque, le flux sanguin et la régurgitation valvulaire. Ses preuves empiriques ont été cruciales pour étayer sa théorie.

Harvey a été reconnu pour ses contributions à la médecine de son vivant et a été nommé médecin du roi Charles I d'Angleterre. Sa découverte de la circulation sanguine reste l'une des avancées médicales les plus importantes de tous les temps, et il est célébré comme l'un des plus grands anatomistes et physiologistes de l'histoire de la médecine.

Edward Jenner (1749-1823) - Premier Vaccin contre la Variole

Edward Jenner, né en 1749 et décédé en 1823, était un médecin anglais dont les travaux ont révolutionné le domaine de l'immunisation et ont conduit au développement du premier vaccin moderne. Sa découverte du vaccin contre la variole a eu un impact profond sur la médecine préventive et a sauvé d'innombrables vies. Voici une exploration plus détaillée de la vie et des réalisations d'Edward Jenner :

1. *Formation et carrière médicale :* Jenner a été formé en médecine à l'Université de St Andrews et a obtenu son diplôme de médecin à l'Université de Édimbourg en 1792. Il a exercé la médecine dans sa ville natale de Berkeley, en Angleterre, où il a soigné diverses maladies et a acquis une réputation de médecin compétent.

2. *Découverte du vaccin contre la variole :* Jenner a remarqué que les personnes exposées à la cowpox, une maladie bénigne du bétail, semblaient développer une

immunité à la variole, une maladie infectieuse beaucoup plus grave et mortelle. En 1796, Jenner a mené une expérience célèbre en prélevant de la lymphe d'une vache atteinte de cowpox, puis en l'inoculant dans le bras d'un jeune garçon nommé James Phipps. Après avoir développé une légère infection de cowpox, Phipps a été ensuite exposé à la variole, mais il n'a pas développé la maladie. Jenner a formulé la théorie selon laquelle l'inoculation de cowpox pouvait conférer une immunité à la variole, ce qui a conduit à la création du terme "vaccination" dérivé du mot latin "vaccina" (vache). Le vaccin qu'il a développé est devenu le premier vaccin préventif réussi.

3. *Impact et héritage :* La découverte de Jenner a ouvert la voie à la vaccination systématique contre la variole. Grâce à cette avancée, la variole a été éradiquée dans de nombreuses parties du monde, ce qui a finalement conduit à l'éradication mondiale de la maladie en 1980.

Les principes de base de la vaccination établis par Jenner sont encore largement appliqués aujourd'hui dans la prévention de nombreuses maladies infectieuses. Edward Jenner a reçu de nombreuses distinctions et honneurs pour sa contribution à la médecine, notamment l'élection à la Royal Society en 1788.

Florence Nightingale (1820-1910) - Pionnière des Soins Infirmiers

Florence Nightingale, née en 1820 et décédée en 1910, était une infirmière britannique qui est largement reconnue comme la pionnière des soins infirmiers modernes. Son impact sur la profession infirmière et sur les soins de santé en général est immense. Voici une exploration plus détaillée de sa vie et de ses contributions significatives :

1. *Éducation et formation :* Florence Nightingale a reçu une éducation exceptionnelle pour une femme de son époque. Elle a étudié les mathématiques, la philosophie et les sciences à domicile, ce qui lui a fourni une base solide pour sa future carrière.

2. *Engagement envers les soins infirmiers :* Nightingale a ressenti un appel à servir dans le domaine des soins de santé dès son plus jeune âge. Malgré les conventions sociales de l'époque, elle a choisi de poursuivre une carrière en tant qu'infirmière, ce qui était considéré comme une profession peu prestigieuse à l'époque.

3. *Réforme des soins infirmiers :* Florence Nightingale est surtout connue pour sa réforme radicale des soins infirmiers dans les hôpitaux militaires pendant la guerre de Crimée (1854-1856). Elle a transformé les conditions de soins en introduisant des pratiques d'hygiène rigoureuses, en améliorant la gestion des hôpitaux et en insistant sur l'importance de la collecte de données statistiques pour évaluer les résultats cliniques.

4. *Écrits et enseignement :* Nightingale a documenté ses expériences et ses enseignements dans plusieurs ouvrages, dont "*Notes on Nursing: What It Is and What It Is Not*". Ces écrits ont eu une influence majeure sur la profession infirmière en mettant l'accent sur l'importance de la formation, de l'hygiène et de la compassion dans les soins.

5. *Fondatrice de l'école de formation en soins infirmiers :* En 1860, Florence Nightingale a fondé la première école de formation en soins infirmiers au St Thomas' Hospital de Londres. Cette école a établi des normes élevées pour la formation des infirmières et a contribué à élever la profession infirmière à un niveau plus respecté et plus professionnel.

L'influence de Florence Nightingale sur les soins de santé est immense. Elle a démontré que les soins infirmiers pouvaient être une profession hautement qualifiée et a encouragé les femmes à s'engager dans le domaine médical. Sa philosophie des soins centrés sur le patient continue d'être au cœur des soins infirmiers modernes. L'année 2020, le bicentenaire de sa naissance, a été déclarée Année internationale des infirmières et des sages-femmes en son honneur.

Louis Pasteur (1822-1895) – Découverte de la Pasteurisation

Louis Pasteur, né en 1822 et décédé en 1895, était un chimiste et microbiologiste français dont les travaux ont eu un impact majeur sur la médecine. Il est célèbre pour ses découvertes dans le domaine de la microbiologie et pour ses contributions à la prévention des maladies infectieuses. Voici une exploration plus approfondie de sa vie et de ses réalisations :

1. *Microbiologie et germes pathogènes :* Pasteur est reconnu pour avoir démontré que de nombreuses maladies étaient causées par des micro-organismes, tels que des bactéries et des virus. Il a contribué à la compréhension du rôle des germes pathogènes dans les infections et a jeté les bases de la microbiologie moderne.

2. *Pasteurisation :* L'une de ses contributions les plus importantes a été le développement de la pasteurisation, un processus de chauffage qui élimine les micro-organismes pathogènes dans les liquides tels que le lait et le vin tout en préservant leur qualité. Cette technique a considérablement réduit les taux d'infections alimentaires.

3. *Vaccination :* Pasteur est célèbre pour avoir développé des vaccins pour des maladies telles que la rage et

l'anthrax. Son travail sur la rage, en particulier, a sauvé de nombreuses vies en prévenant cette maladie mortelle. Il a développé la première vaccination préventive avec le vaccin contre la rage en 1885.

4. *Théorie des germes* : Pasteur a contribué à établir la théorie des germes, qui stipule que de nombreuses maladies sont causées par la présence de micro-organismes pathogènes. Cette théorie a eu un impact majeur sur l'hygiène médicale, la désinfection et la prévention des infections.

5. *Méthodes expérimentales* : Pasteur était un fervent défenseur de la méthode scientifique expérimentale. Il a réalisé des expériences rigoureuses pour soutenir ses découvertes et a encouragé d'autres chercheurs à faire de même. Ses travaux étaient fondés sur l'observation, l'expérimentation et la documentation précise.

Louis Pasteur est largement considéré comme l'un des plus grands scientifiques de tous les temps. Son travail a eu un impact considérable sur la médecine, la biologie et la microbiologie, et il est célébré comme une figure emblématique de la science et de la médecine.

Robert Koch (1843-1910) – Bacille de la Tuberculose

Robert Koch, né en 1843 et décédé en 1910, était un microbiologiste allemand dont les travaux ont eu un impact profond sur la microbiologie médicale et la compréhension des maladies infectieuses. Il est notamment célèbre pour sa découverte du bacille de la tuberculose. Voici une exploration plus approfondie de sa vie et de ses réalisations :

1. *Formation et éducation* : Koch a étudié la médecine à l'Université de Göttingen et à l'Université de Gdansk, où il a acquis une solide formation en microbiologie, en

chimie et en médecine. Ses études l'ont préparé à une carrière en recherche médicale.

2. *Découverte du bacille de la tuberculose :* En 1882, Robert Koch a fait une découverte historique en identifiant le bacille responsable de la tuberculose, une maladie dévastatrice à l'époque. Sa découverte a ouvert la voie au développement de méthodes de diagnostic et de traitement de la tuberculose.

3. *Les postulats de Koch :* Koch a formulé les célèbres "*postulats de Koch*", une série de critères qui permettent d'établir le lien entre un micro-organisme et une maladie infectieuse. Ces postulats sont toujours utilisés aujourd'hui pour déterminer la cause d'une maladie infectieuse.

4. *Méthodes microbiologiques :* Koch a développé des techniques de laboratoire avancées pour l'isolement et la culture de bactéries pathogènes, ce qui a permis d'étudier de manière plus approfondie les agents responsables de nombreuses maladies infectieuses.

5. *Autres découvertes :* Outre la tuberculose, Koch a fait d'autres découvertes importantes, notamment la description du bacille du choléra et du bacille de la peste bovine. Ses travaux ont contribué à la compréhension de nombreuses maladies infectieuses.

6. *Prix Nobel :* En 1905, Robert Koch a reçu le prix Nobel de physiologie ou de médecine pour ses contributions à la microbiologie et à la recherche sur les maladies infectieuses.

Robert Koch est largement reconnu comme l'un des pères fondateurs de la microbiologie médicale. Son approche scientifique rigoureuse et ses découvertes ont eu un impact durable sur la recherche médicale et ont contribué à sauver des vies en améliorant la compréhension et le traitement des maladies infectieuses.

Santiago Ramón y Cajal (1852-1934) - Père de la Neurobiologie Moderne

Santiago Ramón y Cajal, né en 1852 et décédé en 1934, était un neuroscientifique espagnol de renommée internationale, largement considéré comme le père de la neurobiologie moderne. Ses contributions exceptionnelles à la compréhension de la structure et du fonctionnement du système nerveux central ont eu un impact majeur sur le domaine de la neurologie et de la neuroscience. Voici une exploration plus détaillée de sa vie et de ses réalisations :

1. *Débuts de carrière :* Santiago Ramón y Cajal est né à Petilla de Aragón, en Espagne. Il a d'abord étudié la médecine à l'Université de Saragosse, où il a obtenu son diplôme de médecin. Ses premières années de pratique médicale l'ont conduit à s'intéresser à la neuroanatomie, ce qui a marqué le début de sa carrière en neuroscience.

2. *Découverte des neurones :* La contribution la plus significative de Cajal à la science a été sa démonstration de la théorie neuronale, qui stipule que le système nerveux est composé d'unités individuelles appelées neurones. Ses travaux ont été en opposition avec la théorie de la réticulation, qui prévalait à l'époque et affirmait que les cellules nerveuses étaient interconnectées en un réseau continu.

3. *Méthodes de coloration :* Pour étudier la structure des neurones, Cajal a développé des techniques de coloration au microscope qui ont permis de visualiser les cellules nerveuses de manière plus détaillée. Ces

méthodes ont été cruciales pour ses recherches et sont toujours utilisées en neuroscience moderne.

4. *Contributions à la compréhension du cerveau* : Ses observations minutieuses ont permis à Cajal de cartographier de manière précise différentes parties du système nerveux central, y compris le cerveau et la moelle épinière. Ses dessins détaillés des neurones et de leurs connexions ont jeté les bases de notre compréhension actuelle de la structure cérébrale.

5. *Travaux sur la plasticité cérébrale* : Cajal a également étudié la plasticité cérébrale, démontrant que le cerveau pouvait s'adapter et se réorganiser en réponse à des lésions ou à l'apprentissage. Cette notion est aujourd'hui au cœur de la neuroscience de la plasticité cérébrale.

6. *Prix Nobel de physiologie ou médecine* : En 1906, Santiago Ramón y Cajal a reçu le prix Nobel de physiologie ou médecine, partagé avec Camillo Golgi, pour leurs travaux pionniers sur le système nerveux. Cette reconnaissance a renforcé sa réputation internationale.

Les découvertes de Cajal ont ouvert la voie à la neuroscience moderne et ont influencé de nombreux chercheurs et neuroscientifiques. Son héritage perdure grâce à ses publications, à ses dessins anatomiques et à sa contribution inestimable à la compréhension du système nerveux.

Sigmund Freud (1856-1939) - Fondateur de la Psychanalyse

Sigmund Freud, né en 1856 et décédé en 1939, était un neurologue autrichien et le fondateur de la psychanalyse, une théorie et une méthode de traitement qui ont eu une influence profonde sur la psychologie, la psychiatrie et la compréhension de la psyché humaine. Voici une exploration plus détaillée de sa vie et de ses contributions à la psychanalyse :

1. *Formation médicale et neurologique :* Freud a étudié la médecine à l'Université de Vienne et s'est spécialisé en neurologie. Ses premières recherches ont porté sur les troubles neurologiques, en particulier l'épilepsie. Cette formation médicale a influencé sa manière d'aborder la psychologie.

2. *Développement de la psychanalyse :* La psychanalyse est née des observations cliniques de Freud sur les patients atteints de troubles mentaux. Il a développé l'idée que de nombreux troubles psychologiques avaient des racines inconscientes et étaient liés à des conflits internes. Il a élaboré des méthodes de traitement basées sur l'exploration de l'inconscient, notamment la méthode de la libre association.

3. *Structure de la personnalité :* Freud a développé une théorie de la structure de la personnalité qui comprenait trois parties principales : le conscient, le préconscient et l'inconscient. Il a également introduit les concepts clés de l'Id, de l'Égo et du Surmoi, qui décrivent les forces et les processus psychiques.

4. *Sexualité et développement psychologique :* La théorie de Freud a accordé une grande importance à la sexualité humaine et à son rôle dans le développement psychologique. Il a élaboré des étapes du développement psychosocial, notamment la phase orale, anale, phallique, de latence et génitale.

5. *Interprétation des rêves :* Freud a écrit un ouvrage influent intitulé "*L'interprétation des rêves*", dans lequel il expliquait comment les rêves pouvaient fournir des indices sur l'inconscient et les désirs refoulés. Cette œuvre a contribué à établir la psychanalyse comme une discipline à part entière.

6. *Controverses et critiques :* La psychanalyse de Freud a suscité des controverses et des critiques tout au long de son développement. Certains ont remis en question la validité scientifique de ses théories, tandis que d'autres ont critiqué certaines de ses idées, en particulier sa vision de la sexualité.

Bien que la psychanalyse ait évolué au fil des décennies et que de nombreuses idées de Freud aient été modifiées ou abandonnées, son influence sur la psychologie et la psychiatrie est indéniable. La psychanalyse a ouvert la voie à de nouvelles approches de la compréhension de la psyché humaine.

Marie Curie (1867-1934) - Physicienne et Chimiste qui a Contribué à la Radiologie

Marie Curie, née en 1867 et décédée en 1934, était une physicienne et chimiste polonaise naturalisée française. Elle est célèbre pour ses contributions majeures à la science, en particulier dans le domaine de la radiologie et de la découverte des éléments radioactifs. Voici une exploration plus approfondie de sa vie et de ses réalisations :

1. *Éducation et formation :* Marie Curie a étudié à l'Université de Varsovie, où elle a obtenu un diplôme en physique et en mathématiques malgré les restrictions imposées aux femmes à l'époque. Elle est ensuite allée à Paris pour poursuivre ses études à la Sorbonne, où elle a obtenu son doctorat en physique en 1903.

2. *Découverte de la radioactivité :* En collaboration avec son mari, Pierre Curie, Marie Curie a découvert deux éléments radioactifs, le polonium et le radium, en 1898. Cette découverte a révolutionné la compréhension de la nature de la matière et a ouvert la voie à la recherche sur la radioactivité.

3. *Prix Nobel :* Marie Curie a reçu deux prix Nobel au cours de sa carrière. En 1903, elle a partagé le prix Nobel de physique avec Pierre Curie et Henri Becquerel pour leurs travaux sur la radioactivité. En 1911, elle a reçu le prix Nobel de chimie pour ses recherches sur le polonium et le radium.

4. *Applications médicales de la radiologie :* Les découvertes de Marie Curie sur la radioactivité ont eu un impact significatif sur la médecine. Elle a développé des techniques d'imagerie radiographique pour aider à diagnostiquer les blessures pendant la Première Guerre mondiale, ce qui a contribué à sauver de nombreuses vies.

5. *Engagements humanitaires :* Pendant la Première Guerre mondiale, Marie Curie a également utilisé ses compétences en radiologie pour créer des unités mobiles de radiographie, les "*Petites Curies*", qui ont fourni un diagnostic médical sur le champ de bataille.

6. *Éducation et influence :* Marie Curie a été la première femme à enseigner à la Sorbonne et a inspiré de nombreuses femmes à poursuivre des carrières scientifiques. Elle a également été une fervente défenseure des droits des femmes et de la recherche scientifique internationale.

Les contributions de Marie Curie à la science et à la médecine ont eu un impact durable. Son travail sur la radioactivité a ouvert la voie à des avancées majeures dans la physique nucléaire, la médecine et la recherche sur le cancer. Marie Curie est largement reconnue comme l'une des scientifiques les plus importantes de l'histoire. Elle est célébrée pour sa persévérance, sa détermination et ses réalisations exceptionnelles dans un domaine scientifique dominé par les hommes à l'époque. Elle reste une icône de la science et de l'égalité des sexes.

Albert Schweitzer (1875-1965) - Médecin et Missionnaire Connu pour ses Travaux Humanitaires en Afrique

Albert Schweitzer, né en 1875 et décédé en 1965, était un médecin, philosophe, théologien et musicien alsacien. Il est surtout connu pour ses travaux humanitaires en Afrique. Voici une exploration plus approfondie de sa vie et de ses contributions humanitaires :

1. *Formation et carrière :* Albert Schweitzer a étudié la théologie, la philosophie et la musique en Allemagne, en France et en Suisse. Il a obtenu des diplômes en théologie et en philosophie, et il a également excellé en tant qu'organiste et pianiste.

2. *Missionnaire en Afrique :* En 1913, Schweitzer décide de devenir missionnaire médical en Afrique équatoriale française (aujourd'hui le Gabon). Là-bas, il a fondé un hôpital à Lambaréné, où il a fourni des soins médicaux aux habitants de la région.

3. *Hôpital de Lambaréné :* L'hôpital de Lambaréné est devenu le centre de l'activité humanitaire de Schweitzer. Il a consacré sa vie à soigner les malades et les blessés de la région, notamment ceux souffrant de maladies tropicales et de lèpre.

4. *Philosophie du "respect de la vie" :* Schweitzer a développé une philosophie qu'il appelait le "*respect de la vie*" (Ehrfurcht vor dem Leben en allemand). Il croyait que chaque être vivant avait une valeur intrinsèque et que nous avons tous la responsabilité de protéger et de préserver la vie sous toutes ses formes.

5. *Prix Nobel de la paix :* En 1952, Albert Schweitzer a reçu le prix Nobel de la paix en reconnaissance de ses efforts humanitaires en Afrique. Son travail exemplaire en

faveur des soins de santé et de la paix a été salué à l'échelle internationale.

6. *Engagement en faveur de la paix :* Schweitzer était un pacifiste fervent et a plaidé en faveur du désarmement nucléaire et de la résolution pacifique des conflits internationaux. Il a utilisé sa notoriété pour sensibiliser à ces questions cruciales.

Albert Schweitzer a laissé un héritage humanitaire profondément inspirant. Son engagement envers le service, sa compassion envers les plus vulnérables et sa philosophie du "respect de la vie" continuent de servir d'exemple à ceux qui œuvrent pour un monde meilleur.

Alexander Fleming (1881-1955) – Découverte de la Pénicilline

Alexander Fleming, né en 1881 et décédé en 1955, était un microbiologiste et pharmacologiste écossais dont la découverte de la pénicilline a révolutionné le traitement des infections bactériennes. Voici une exploration plus approfondie de sa vie et de sa contribution majeure à la médecine :

1. *Formation et carrière :* Alexander Fleming a étudié la médecine à l'Université de Londres et a obtenu son diplôme de médecin en 1906. Il a ensuite travaillé en tant que chercheur au St. Mary's Hospital Medical School à Londres, où il a mené ses recherches pionnières.

2. *Découverte de la pénicilline :* En 1928, Fleming a fait une découverte fortuite qui allait changer la face de la médecine. Il a observé que de la moisissure de *Penicillium notatum* avait tué des bactéries environnantes sur une boîte de Pétri. Cette observation l'a conduit à identifier la substance antibactérienne produite par la moisissure, qu'il a nommée "*pénicilline*".

3. *Propriétés antibiotiques de la pénicilline :* Fleming a réalisé que la pénicilline avait des propriétés antibiotiques puissantes et qu'elle pouvait détruire de nombreuses bactéries pathogènes sans nuire aux cellules humaines. Cette découverte a ouvert la voie au développement d'antibiotiques pour le traitement des infections bactériennes.

4. *Développement de la pénicilline :* Bien que la découverte de Fleming ait été cruciale, la pénicilline n'a pas été largement utilisée pour le traitement médical avant les années 1940. Ce n'est qu'après des travaux ultérieurs menés par d'autres scientifiques, notamment Howard Florey et Ernst Boris Chain, que la production de pénicilline à grande échelle a été rendue possible.

Alexander Fleming a été récompensé du prix Nobel de physiologie ou de médecine en 1945, en reconnaissance de sa découverte de la pénicilline et de son rôle dans le développement des antibiotiques. Il est largement célébré comme l'un des plus grands chercheurs médicaux du XXe siècle.

Gerty Cori (1896-1957) et Carl Cori (1896-1984) - Métabolisme des Glucides

Gerty Cori et Carl Cori étaient un couple de biochimistes américains d'origine tchèque. Ils ont réalisé des travaux novateurs dans le domaine de la biochimie et ont été récompensés par le prix Nobel de physiologie ou de médecine en 1947 pour leurs contributions à la compréhension du métabolisme des glucides. Voici une exploration plus détaillée de leur vie et de leurs réalisations :

Gerty Cori (1896-1957)

1. *Formation et éducation :* Gerty Cori est née en Tchécoslovaquie (aujourd'hui la République tchèque) et

a étudié la chimie à l'Université de Prague. En 1920, elle a obtenu son doctorat en sciences.

2. *Mariage et collaboration :* En 1920, Gerty a épousé Carl Cori, un collègue chercheur en biochimie. Ils ont formé une équipe de recherche exceptionnelle et ont collaboré tout au long de leur carrière.

3. *Recherches sur le métabolisme des glucides :* Gerty Cori s'est particulièrement intéressée au métabolisme des glucides. Elle a découvert la voie métabolique, maintenant connue sous le nom de cycle de Cori, qui est impliquée dans la dégradation et la synthèse du glycogène, une forme de stockage du glucose dans le foie et les muscles.

4. *Contribution au diabète :* Les travaux de Gerty Cori ont également contribué à la compréhension de la régulation de la glycémie et ont eu des implications importantes pour la recherche sur le diabète.

Carl Cori (1896-1984)

1. *Formation et éducation :* Carl Cori a également étudié la chimie à l'Université de Prague et a obtenu son doctorat en sciences en 1920, la même année que son mariage avec Gerty.

2. *Recherches sur le métabolisme des glucides :* Carl Cori a collaboré étroitement avec sa femme sur leurs travaux sur le métabolisme des glucides. Il a étudié en particulier les enzymes impliquées dans la dégradation et la synthèse du glycogène.

3. *Prix Nobel de physiologie ou de médecine :* En 1947, Gerty et Carl Cori ont reçu le prix Nobel de physiologie ou de médecine pour leurs découvertes concernant le métabolisme des glucides, en particulier pour leur travail sur le cycle de Cori.

Les recherches des Cori ont jeté les bases de la biochimie moderne et ont eu un impact significatif sur la compréhension du métabolisme des glucides. Leur travail a également ouvert la voie à des avancées importantes dans la compréhension des maladies métaboliques.

Linus Pauling (1901-1994) - Structure de l'Hémoglobine

Linus Pauling, né en 1901 et décédé en 1994, était un chimiste américain de renom qui a apporté des contributions significatives à la compréhension de la structure de l'hémoglobine et de l'ADN, ainsi qu'à d'autres domaines de la chimie et de la biologie. Voici une exploration plus détaillée de sa vie et de ses réalisations :

1. *Formation et carrière académique* : Linus Pauling a obtenu son baccalauréat en chimie à l'Université d'Oregon en 1922. Il a poursuivi ses études supérieures à l'Université de Californie à Berkeley, où il a obtenu son doctorat en chimie en 1925. Il a été professeur de chimie à l'Université de Californie à Berkeley avant de rejoindre la faculté du California Institute of Technology (Caltech), où il a travaillé pendant la majeure partie de sa carrière.

2. *Contributions à la compréhension de l'hémoglobine* : Pauling a mené des recherches sur la structure de l'hémoglobine, la protéine responsable du transport de l'oxygène dans le sang. Il a contribué à élucider la structure des chaînes d'acides aminés dans l'hémoglobine, ce qui a permis de mieux comprendre son fonctionnement. Ses travaux sur l'hémoglobine l'ont conduit à identifier la cause de la drépanocytose (sickle-cell anemia), une maladie génétique qui affecte la structure de l'hémoglobine. Cette découverte a eu des implications importantes pour la génétique médicale.

3. *Contributions à la compréhension de l'ADN :* Bien que Pauling n'ait pas découvert la structure en double hélice de l'ADN, il a formulé des modèles pour sa structure en collaboration avec d'autres chercheurs. Son modèle "triple hélice" de l'ADN s'est avéré incorrect, mais ses idées ont influencé la recherche ultérieure.

4. *Engagement pour la paix et les droits de l'homme :* Pauling était un ardent défenseur du désarmement nucléaire et a été l'un des signataires du Manifeste Russell-Einstein en 1955. Il a milité contre les essais nucléaires.

Linus Pauling est l'un des rares individus à avoir remporté deux prix Nobel dans deux disciplines différentes : le prix Nobel de chimie en 1954 pour ses recherches sur la nature de la liaison chimique et le prix Nobel de la paix en 1962 pour ses activités en faveur du désarmement. Ses travaux sur la liaison chimique ont influencé la chimie moderne, notamment la chimie des macromolécules biologiques comme les protéines et l'ADN.

Barbara McClintock (1902-1992) - Généticienne Américaine

Barbara McClintock, née en 1902 et décédée en 1992, était une généticienne américaine de renom dont les travaux sur les éléments transposables ont révolutionné notre compréhension de la génétique. Elle a été une pionnière dans le domaine de la génétique moléculaire et a apporté des contributions majeures à la compréhension de la régulation génique et de la plasticité du génome. Voici une exploration plus détaillée de sa vie et de ses réalisations :

1. *Formation et carrière académique :* Barbara McClintock a étudié la botanique à l'Université Cornell, où elle a obtenu son baccalauréat en sciences en 1923. Elle a ensuite obtenu une maîtrise en génétique en 1925. Elle

a poursuivi des études supérieures à Cornell et à l'Université de Californie à Berkeley, où elle a travaillé avec des généticiens de renom. Elle a ensuite occupé divers postes académiques, notamment à l'Université de Columbia, où elle a mené la majorité de ses recherches.

2. *Découverte des éléments transposables* : McClintock a principalement étudié le maïs (Zea mays) tout au long de sa carrière. Elle a été la première à utiliser des techniques de génétique pour cartographier les gènes sur les chromosomes de maïs. McClintock a découvert que certains gènes de maïs semblaient changer de position sur les chromosomes, provoquant des mutations et des variations phénotypiques. Elle a appelé ces éléments transposables "éléments contrôleurs". McClintock a également montré que ces éléments transposables pouvaient influencer la régulation génique en activant ou désactivant certains gènes, ce qui a radicalement changé notre compréhension de la régulation génique.

3. *Prix Nobel de physiologie ou médecine* : En 1983, McClintock a reçu le prix Nobel de physiologie ou médecine pour sa découverte des éléments transposables, une reconnaissance tardive de l'importance de ses travaux.

Les découvertes de McClintock sur les éléments transposables ont révolutionné le domaine de la génétique en montrant que le génome n'était pas statique, mais qu'il pouvait être modifié de manière dynamique. Ses travaux ont influencé de manière significative la biologie moléculaire et la génétique moderne, notamment en ce qui concerne la compréhension de la régulation génique et de l'évolution du génome.

Albert Sabin (1906-1993) - Vaccin Oral contre la Poliomyélite

Albert Sabin, né en 1906 et décédé en 1993, était un médecin américain d'origine polonaise, virologue et immunologiste renommé. Il est surtout connu pour ses contributions majeures à la lutte contre la poliomyélite grâce au développement du vaccin oral contre cette maladie. Voici une exploration plus détaillée de sa vie et de sa contribution à la médecine :

1. *Formation et éducation :* Albert Sabin a obtenu son diplôme de médecine à l'Université de New York en 1931. Il a ensuite obtenu un doctorat en médecine en 1934, se spécialisant dans la recherche sur les virus et la vaccination.

2. *Travaux sur les virus :* Avant de se concentrer sur la poliomyélite, Sabin a mené des recherches importantes sur plusieurs virus, notamment le virus de l'encéphalite équine de l'est et le virus de la fièvre jaune. Ses travaux ont contribué à la compréhension des mécanismes de transmission des maladies virales.

3. *Développement du vaccin oral contre la polio :* L'une des réalisations les plus célèbres d'Albert Sabin a été le développement du vaccin oral contre la poliomyélite. Contrairement au vaccin injectable de Jonas Salk, le vaccin oral était administré par voie orale, ce qui le rendait plus facile à administrer et à distribuer à grande échelle.

4. *Essais cliniques et efficacité :* Sabin a mené des essais cliniques majeurs pour tester son vaccin oral contre la polio. En 1957, une campagne de vaccination massive à grande échelle a commencé, ce qui a rapidement contribué à réduire les taux d'infection par la polio.

5. *Éradication de la polio :* Le vaccin oral d'Albert Sabin a joué un rôle crucial dans les efforts mondiaux pour éradiquer la polio. Il a été largement utilisé dans le cadre des programmes de vaccination de masse dans le monde entier, contribuant à la quasi-éradication de la maladie.

6. *Engagement humanitaire :* Sabin a travaillé avec l'Organisation mondiale de la santé (OMS) et d'autres organisations pour étendre la vaccination contre la polio à l'échelle mondiale. Son engagement envers la santé publique a contribué à sauver d'innombrables vies.

Albert Sabin a reçu de nombreuses distinctions et récompenses pour ses contributions à la médecine, notamment la médaille présidentielle de la liberté aux États-Unis. Son vaccin oral contre la polio reste l'une des réalisations médicales les plus importantes du XXe siècle.

Rita Levi-Montalcini (1909-2012) - Neurobiologiste Italienne

Rita Levi-Montalcini, née en 1909 et décédée en 2012, était une neurobiologiste italienne de renom dont la découverte du facteur de croissance des cellules nerveuses a révolutionné le domaine de la neurobiologie. Son travail a ouvert de nouvelles perspectives sur le développement et la régénération du système nerveux, ce qui a eu un impact profond sur la compréhension des maladies neurologiques et des processus de régénération cellulaire. Voici une exploration plus détaillée de sa vie et de ses réalisations :

1. *Formation et carrière académique :* Rita Levi-Montalcini a étudié la médecine à l'Université de Turin en Italie, où elle a obtenu son diplôme de médecin en 1936. Elle a commencé sa carrière en neurobiologie en travaillant

comme assistante de Giuseppe Levi, un neurohistologiste renommé. Elle a rapidement développé un intérêt pour les cellules nerveuses et leur croissance.

2. *Découverte du facteur de croissance des cellules nerveuses :* Pendant la Seconde Guerre mondiale, Rita Levi-Montalcini a mené des recherches expérimentales dans un laboratoire de fortune, en utilisant des œufs de poule pour étudier la croissance des cellules nerveuses. C'est là qu'elle a découvert le facteur de croissance des cellules nerveuses (NGF). Le NGF est une protéine qui favorise la croissance, la différenciation et la survie des cellules nerveuses. La découverte du NGF a ouvert de nouvelles perspectives sur la compréhension du développement et de la régénération du système nerveux.

3. *Reconnaissance internationale :* Rita Levi-Montalcini a poursuivi ses recherches en neurobiologie, contribuant à d'autres découvertes importantes dans le domaine. Elle a également enseigné et a occupé divers postes académiques. En 1986, elle a reçu le prix Nobel de physiologie ou médecine, partagé avec Stanley Cohen, pour leur découverte du NGF.

4. *Engagement social et scientifique :* Rita Levi-Montalcini a été une défenseure active de l'éducation des femmes en sciences et a encouragé la participation des femmes dans la recherche scientifique. Elle a également contribué à sensibiliser le public aux maladies neurologiques, en particulier à la maladie d'Alzheimer, et a plaidé en faveur de la recherche sur ces affections.

La découverte du NGF a ouvert de nouvelles voies de recherche en neurobiologie et a eu un impact majeur sur la compréhension des maladies neurologiques, ainsi que sur les possibilités de régénération nerveuse. Rita Levi-Montalcini est une figure inspirante pour les scientifiques, en particulier les femmes dans le domaine de la recherche biomédicale. Elle a laissé un héritage durable en science et en éducation.

Jonas Salk (1914-1995) - Premier Vaccin contre la Poliomyélite

Jonas Salk, né en 1914 et décédé en 1995, était un médecin et virologue américain renommé pour son rôle dans le développement du premier vaccin efficace contre la poliomyélite, une maladie dévastatrice provoquée par le virus de la polio. Voici une exploration plus détaillée de sa vie et de sa contribution majeure à la médecine :

1. *Formation et éducation :* Jonas Salk a étudié la médecine à l'Université de New York et a obtenu son doctorat en médecine en 1939. Il s'est ensuite spécialisé en bactériologie et en virologie à l'Université du Michigan.

2. *Travail sur la grippe et la polio :* Avant de se concentrer sur la polio, Salk a effectué des recherches importantes sur le virus de la grippe. Cependant, c'est sa décision de se consacrer à la lutte contre la polio qui l'a rendu célèbre.

3. *Le vaccin inactivé contre la polio :* Jonas Salk a développé un vaccin contre la polio basé sur le virus de la polio tué (inactivé). Son vaccin a été testé avec succès lors d'essais cliniques massifs en 1954, impliquant des milliers de participants, y compris des enfants.

4. *Vaccination massive :* En 1955, le vaccin Salk contre la polio a été déclaré sûr et efficace. Des campagnes massives de vaccination ont été organisées aux États-Unis, marquant le début de la lutte mondiale contre la polio. Le vaccin a rapidement contribué à réduire les taux d'infection.

5. *Engagement humanitaire* : Jonas Salk a refusé de breveter son vaccin contre la polio, affirmant qu'il appartenait à l'humanité. Cela a permis une distribution plus large et plus rapide du vaccin, ce qui a été essentiel pour éradiquer la polio.

6. *Éradication de la polio* : Grâce aux efforts de vaccination soutenus par l'Organisation mondiale de la santé (OMS), l'UNICEF et d'autres organisations, la polio a été éradiquée dans de nombreux pays du monde. Le vaccin de Salk a joué un rôle central dans cette réalisation.

7. *Fondation Salk* : En 1960, Jonas Salk a fondé l'Institut Salk de recherche médicale à La Jolla, en Californie, où des recherches sur diverses maladies sont menées. L'institut porte son nom en reconnaissance de ses contributions à la médecine.

Jonas Salk a reçu de nombreuses distinctions pour ses contributions à la médecine, notamment la médaille présidentielle de la liberté aux États-Unis. Il est également honoré par de nombreuses institutions médicales et éducatives dans le monde entier.

Christiaan Barnard (1922-2001) - Première Transplantation Cardiaque

Christiaan Barnard, né en 1922 et décédé en 2001, était un chirurgien sud-africain qui a marqué l'histoire de la médecine en devenant le premier chirurgien à réaliser avec succès une transplantation cardiaque humaine. Voici une exploration plus approfondie de sa vie et de sa contribution majeure à la médecine :

1. *Formation et carrière* : Christiaan Barnard a étudié la médecine à l'Université de Cape Town en Afrique du Sud, où il a obtenu son diplôme de médecin en 1945. Il

a ensuite suivi une formation en chirurgie à l'hôpital Groote Schuur de Cape Town.

2. *Passion pour la chirurgie cardiaque :* Barnard a développé un intérêt particulier pour la chirurgie cardiaque et a cherché à améliorer les techniques de transplantation d'organes. Il a effectué des recherches en transplantologie et a étudié les méthodes de préservation des organes.

3. *La première transplantation cardiaque :* Le 3 décembre 1967, Christiaan Barnard et son équipe ont réalisé la première transplantation cardiaque réussie au monde. Le cœur d'une donneuse décédée, Denise Darvall, a été transplanté avec succès chez Louis Washkansky, un patient atteint de maladie cardiaque en phase terminale.

4. *Succès médiatique et controverses :* La réussite de la première transplantation cardiaque a été largement médiatisée dans le monde entier. Cela a fait de Barnard une célébrité internationale. Cependant, la procédure a également suscité des controverses éthiques et médicales, notamment en ce qui concerne la sélection des patients et les implications éthiques de la transplantation d'organes.

5. *Contributions ultérieures :* Barnard a continué à travailler dans le domaine de la transplantation cardiaque et a réalisé d'autres greffes cardiaques. Il a également contribué à l'avancement des techniques de pontage coronarien pour traiter les maladies cardiaques.

6. *Engagement humanitaire :* En plus de ses réalisations chirurgicales, Christiaan Barnard a été impliqué dans des œuvres caritatives et humanitaires en Afrique du Sud et dans d'autres pays.

Christiaan Barnard a reçu de nombreuses distinctions et récompenses pour ses contributions à la médecine, notamment la médaille présidentielle de la liberté en Afrique du Sud. Il est reconnu comme l'un des chirurgiens les plus innovants et influents de l'histoire de la médecine.

René Favaloro (1923-2000) - Pontage Coronarien

René Favaloro, né en 1923 et décédé en 2000, était un chirurgien cardiaque argentin de renommée internationale et un pionnier dans le domaine de la chirurgie cardiaque. Il est surtout connu pour son rôle crucial dans le développement et la popularisation de la technique du pontage coronarien, qui a révolutionné le traitement des maladies cardiaques. Voici une exploration plus détaillée de sa vie et de sa contribution à la médecine :

1. *Formation et carrière :* René Favaloro a étudié la médecine à l'Université de La Plata en Argentine et a obtenu son diplôme de médecin en 1949. Il a ensuite poursuivi sa formation en chirurgie cardiaque en Argentine et à l'étranger, notamment aux États-Unis.

2. *Travaux sur le pontage coronarien :* Favaloro est surtout connu pour avoir développé la technique du pontage coronarien, également appelée pontage aortocoronarien. Cette procédure chirurgicale consiste à détourner le flux sanguin autour d'une artère coronaire obstruée à l'aide d'une greffe vasculaire, permettant ainsi de rétablir la circulation sanguine vers le muscle cardiaque.

3. *Introduction du pontage coronarien :* En 1967, René Favaloro a réalisé avec succès la première intervention de pontage coronarien. Cette avancée majeure a transformé le traitement des maladies coronariennes, en offrant une option chirurgicale efficace pour les patients atteints de sténoses coronariennes sévères.

4. *Engagement envers la recherche et l'éducation :* Favaloro a été un ardent défenseur de la recherche et de l'éducation en médecine, notamment dans le domaine de la chirurgie cardiaque. Il a fondé la Fundación Favaloro à Buenos Aires, en Argentine, qui est devenue un centre de recherche médicale de renommée internationale.

5. *Publications et reconnaissance :* Il a publié de nombreux articles scientifiques et ouvrages médicaux et a contribué à la diffusion des connaissances dans le domaine de la chirurgie cardiaque. Sa contribution exceptionnelle à la médecine a été largement reconnue, et il a reçu de nombreuses distinctions et récompenses tout au long de sa carrière.

Malheureusement, en 2000, René Favaloro a mis fin à ses jours, ce qui a été une tragédie pour la communauté médicale et scientifique. Cependant, son héritage en tant que pionnier de la chirurgie cardiaque et du pontage coronarien perdure. Sa technique est maintenant couramment utilisée dans le monde entier pour traiter les maladies cardiaques.

Thomas Starzl (1926-2017) - Pionnier de la Transplantation d'Organes

Thomas Starzl, né en 1926 et décédé en 2017, était un chirurgien américain pionnier dans le domaine de la transplantation d'organes. Il est souvent considéré comme le père de la transplantation d'organes moderne en raison de ses nombreuses contributions révolutionnaires à ce domaine médical. Voici une exploration plus approfondie de sa vie et de ses réalisations :

1. *Formation et éducation :* Thomas Starzl est né à LeMars, dans l'Iowa, et a suivi des études de médecine à l'Université de Pittsburgh, où il a obtenu son diplôme en

1952. Il a ensuite poursuivi sa formation en chirurgie et en recherche médicale.

2. *Premières expériences en transplantation :* Starzl s'est intéressé aux greffes d'organes dès ses premières années en tant que chirurgien. En 1958, il a réalisé la première greffe de rein entre des jumeaux identiques, marquant le début de ses contributions majeures à la transplantation d'organes.

3. *Greffes de foie :* L'une des réalisations les plus marquantes de Starzl a été la première greffe de foie réussie en 1967. Cette intervention révolutionnaire a ouvert la voie à la transplantation du foie en tant que traitement viable pour les patients atteints de maladies hépatiques en phase terminale.

4. *Techniques d'immunosuppression :* Starzl a développé des techniques innovantes pour l'immunosuppression, permettant de prévenir le rejet de l'organe transplanté par le système immunitaire du receveur. Ces méthodes ont grandement amélioré le succès des greffes d'organes.

5. *Transplantation multiple* : Starzl a également réalisé des greffes multiples complexes, notamment des transplantations simultanées de plusieurs organes, comme le foie et les reins. Ces interventions ont été cruciales pour sauver des vies et ont élargi les possibilités de traitement.

Thomas Starzl a reçu de nombreuses récompenses et distinctions au cours de sa carrière, dont la médaille présidentielle de la liberté aux États-Unis. Son travail a eu un impact considérable sur la médecine.

James Watson (né en 1928) et Francis Crick (1916-2004) - Double Hélice de l'ADN

James Watson, né en 1928, et Francis Crick, né en 1916 et décédé en 2004, sont deux scientifiques britanniques célèbres pour avoir réalisé l'une des découvertes les plus influentes du XXe siècle : la structure en double hélice de l'ADN. Leur travail a jeté les bases de la génétique moléculaire et a ouvert la voie à de nombreuses avancées dans la compréhension de l'hérédité et de la biologie moléculaire. Voici une exploration plus approfondie de leurs vies et de leurs réalisations :

Francis Crick (1916-2004)

1. *Formation et carrière académique :* Crick a étudié la physique à l'University College de Londres avant de travailler pendant la Seconde Guerre mondiale sur la recherche militaire. Après la guerre, il a obtenu un doctorat en biophysique.

2. *Travail préliminaire :* Crick a commencé à s'intéresser à la biologie moléculaire dans les années 1940 et a travaillé sur la structure des protéines et des acides aminés. Il a également étudié la diffraction des rayons X, ce qui s'est avéré crucial pour sa future découverte.

3. *Partenariat avec James Watson :* La rencontre entre Crick et James Watson à l'Université de Cambridge en 1951 a été décisive. Les deux scientifiques ont collaboré étroitement pour décrypter la structure de l'ADN.

James Watson (né en 1928)

1. *Formation et carrière académique :* Watson a obtenu un diplôme en zoologie à l'Université de Chicago avant de rejoindre l'Université de Cambridge pour travailler avec Crick. Son intérêt pour la biologie moléculaire a été

influencé par ses rencontres avec d'autres scientifiques de renom.

2. *Découverte de la structure en double hélice de l'ADN :* En 1953, Watson et Crick ont publié leur célèbre article dans la revue *Nature* décrivant la structure en double hélice de l'ADN. Ils ont également déduit la manière dont les paires de bases (adénine avec thymine et cytosine avec guanine) s'apparient, ce qui explique la stabilité et la réplication de l'ADN.

En 1962, Watson, Crick et Maurice Wilkins ont reçu le prix Nobel de physiologie ou médecine pour leurs découvertes sur la structure de l'ADN. Cette découverte a ouvert la voie à de nombreuses avancées dans la biologie moléculaire, y compris la compréhension de la réplication de l'ADN, de la transcription et de la traduction.

Barbara Liskov (née en 1939) - Pionnière en Bioinformatique

Barbara Liskov, née en 1939, est une informaticienne américaine de renom, pionnière en programmation informatique, dont les travaux ont également des applications importantes dans la bioinformatique. Elle a joué un rôle clé dans le développement de concepts et de langages de programmation fondamentaux, ainsi que dans l'élaboration de systèmes informatiques robustes. Voici une exploration plus approfondie de sa carrière et de ses contributions :

1. *Formation et carrière académique :* Barbara Liskov a obtenu son baccalauréat en mathématiques à l'Université de Californie à Berkeley en 1961. Elle a ensuite poursuivi ses études supérieures à l'Université Stanford, où elle a obtenu son doctorat en informatique en 1968. Elle a occupé divers postes universitaires, notamment à l'Université Stanford et à l'Université du

Massachusetts à Boston. Elle est actuellement professeure au MIT (Massachusetts Institute of Technology), où elle dirige le groupe de recherche sur la programmation distribuée.

2. *Contributions majeures en informatique :* Barbara Liskov est surtout connue pour avoir formulé le *"Principe de substitution de Liskov"* en 1987, qui est un concept fondamental en programmation orientée objet. Ce principe énonce les conditions pour qu'une sous-classe puisse être substituée à une classe de base sans altérer la cohérence du programme. Il favorise la modularité, la réutilisation du code et la sécurité des systèmes. Liskov a été l'une des conceptrices du langage de programmation CLU, développé dans les années 1970. CLU a introduit plusieurs concepts de programmation avancés, notamment les types abstraits de données et les exceptions. Ses recherches se sont étendues aux systèmes distribués, où elle a travaillé sur des problèmes liés à la réplication, à la tolérance aux pannes et à la cohérence des données.

3. *Applications en bioinformatique :* Les principes de programmation et de conception développés par Liskov ont des applications dans la bioinformatique, un domaine qui utilise l'informatique pour analyser et comprendre les données biologiques. Sa méthodologie pour la création de systèmes fiables et modulaires a des implications importantes pour la gestion et l'analyse de données biologiques complexes.

Barbara Liskov a reçu de nombreux honneurs et distinctions au cours de sa carrière, notamment le prix Turing en 2008, qui est l'une des récompenses les plus prestigieuses en informatique. Elle est membre de l'Académie nationale d'ingénierie des États-Unis et de l'Académie américaine des arts et des sciences.

Anthony Fauci (né en 1940) - Immunologiste

Anthony Fauci, né en 1940, est un immunologiste américain renommé qui a consacré sa carrière à la recherche et à la lutte contre les maladies infectieuses. Il est surtout connu pour son rôle clé en tant que directeur de l'Institut national des allergies et des maladies infectieuses (NIAID) aux États-Unis et pour sa contribution à la gestion de crises sanitaires telles que le VIH/SIDA et la pandémie de COVID-19. Voici une exploration plus détaillée de sa vie et de ses réalisations :

1. *Formation et carrière académique :* Anthony Fauci a obtenu son diplôme de médecin à l'Université Cornell et a poursuivi sa formation en médecine interne à l'Hôpital Johns Hopkins. Il s'est spécialisé en immunologie et en maladies infectieuses, devenant ainsi un expert dans ces domaines.

2. *Directeur de l'Institut national des allergies et des maladies infectieuses (NIAID) :* Fauci a été nommé directeur du NIAID en 1984, poste qu'il occupe toujours à ce jour. Sous sa direction, l'institut est devenu un acteur majeur de la recherche et de la gestion des maladies infectieuses aux États-Unis.

3. *Lutte contre le VIH/SIDA :* Au début de l'épidémie de VIH/SIDA dans les années 1980, Anthony Fauci a joué un rôle crucial dans la recherche sur le VIH et dans la promotion de la prévention et du traitement de cette maladie. Ses efforts ont contribué à l'amélioration des soins aux personnes atteintes du VIH/SIDA.

4. *Gestion de la pandémie de COVID-19 :* En 2020, lors de la pandémie de COVID-19, Fauci est devenu un visage familier en tant que membre de l'équipe de la Maison-Blanche pour la lutte contre le coronavirus. Il a fourni des conseils scientifiques et des informations précises

au public, jouant un rôle central dans la gestion de la crise sanitaire.

Fauci a reçu de nombreuses récompenses au cours de sa carrière, dont la Médaille présidentielle de la liberté, la plus haute distinction civile aux États-Unis. Il est également membre de l'Académie nationale des sciences. Il est reconnu pour sa capacité à communiquer des concepts scientifiques complexes de manière accessible au grand public. Il a été un défenseur de la science et de l'importance de la recherche dans la santé publique.

Paul Farmer (1959-2022) - Médecin et Anthropologue

Paul Farmer, né en 1959 et décédé en 2022, était un médecin et anthropologue américain largement reconnu pour ses travaux pionniers en santé mondiale et ses efforts humanitaires. Il a consacré sa vie à la lutte contre les inégalités en matière de santé dans le monde et à l'amélioration de l'accès aux soins médicaux pour les populations défavorisées. Voici une exploration plus détaillée de sa vie et de ses réalisations :

1. *Formation et carrière médicale :* Paul Farmer a obtenu son diplôme de médecin à l'Université Harvard et s'est spécialisé en médecine interne. Dès le début de sa carrière, il a manifesté un intérêt marqué pour la santé mondiale et les questions liées à la santé dans les pays en développement.

2. *Fondation de Partners In Health (PIH) :* En 1987, Paul Farmer a co-fondé Partners In Health (PIH), une organisation à but non lucratif qui vise à fournir des soins médicaux de qualité aux populations vulnérables dans le monde entier, en mettant particulièrement l'accent sur la lutte contre le VIH/sida, la tuberculose et d'autres maladies infectieuses.

3. *Engagement en Haïti :* L'un des projets les plus emblématiques de PIH a été son travail en Haïti, où Paul Farmer a travaillé pour améliorer les systèmes de santé, construire des infrastructures médicales et fournir des soins médicaux de qualité à des populations défavorisées.

4. *Approche de soins intégrés :* Farmer a développé et promu l'approche de soins intégrés, qui considère les soins de santé comme un ensemble comprenant non seulement des traitements médicaux, mais aussi des services sociaux, économiques et éducatifs. Cette approche globale a permis de mieux répondre aux besoins complexes des patients.

5. *Recherche :* Paul Farmer a écrit plusieurs livres et articles sur la santé mondiale, la pauvreté et les inégalités en matière de santé. Son livre "*Mountains Beyond Mountains*" (2003) raconte son parcours et son travail en Haïti et a été largement salué.

Farmer a reçu de nombreuses récompenses tout au long de sa carrière, dont le MacArthur Fellowship (bourse de la fondation MacArthur) en 1993 et le prix Nobel de la paix en 2022 en tant que membre du Groupe d'accès aux médicaments essentiels, une organisation qui œuvre pour l'accès équitable aux médicaments essentiels.

En conclusion, nous avons découvert certaines des figures les plus éminentes de l'histoire de la médecine, dont l'impact sur la science médicale reste indéniable. De Paracelse à Ambroise Paré, en passant par Andreas Vesalius et Florence Nightingale, ces personnalités emblématiques ont révolutionné la médecine par leurs découvertes et leurs contributions uniques. Leur héritage, imprégné de dévouement, de savoir-faire et de persévérance, continue de façonner la pratique médicale moderne. En tant que professionnels de la santé, nous sommes guidés par leur exemple et leur vision, poursuivant ainsi leur noble mission d'améliorer la santé et le bien-être de l'humanité.

Chapitre 9 : 20 Questions Clés Révélées

Découvrez les fascinants rouages de l'histoire de la médecine à travers une exploration en profondeur de 20 questions clés. Plongez dans les origines du terme "médecine", les premières greffes d'organes, la naissance des premiers hôpitaux, et bien d'autres sujets captivants qui ont façonné l'évolution de la pratique médicale à travers les âges.

Quelle est l'Origine du Terme "Médecine" ?

L'histoire de l'utilisation du mot latin "medicina" remonte à l'Antiquité romaine. L'un des premiers écrits romains importants concernant la médecine est le "*De Medicina*" de Celse, un ouvrage médical datant du Ier siècle après J.-C. Cet ouvrage a été l'un des premiers à regrouper des connaissances médicales romaines et grecques. Celse a utilisé le terme "*medicina*" pour désigner l'ensemble des connaissances et des pratiques médicales de son époque.

Au fil du temps, le terme "*medicina*" est resté en usage dans la langue latine et a continué à évoluer, tout comme la médecine elle-même. Les concepts et les pratiques médicales romaines ont influencé la médecine occidentale pendant des siècles, et le terme "*medicina*" a été transmis à travers les générations. Lorsque l'Empire romain s'est effondré et que l'Europe est entrée dans la période médiévale, le latin médiéval est devenu la langue dominante de la science et de la médecine en Europe. Le terme "*medicina*" a été préservé et a continué à être utilisé pour désigner la discipline médicale.

Quel Fut le Tout Premier Hôpital Jamais Établi ?

Le premier hôpital jamais créé remonte à l'Antiquité. L'hôpital le plus ancien dont on ait des preuves historiques était situé dans la cité de Mésopotamie, Ur, vers 2500 avant J.-C. Il était destiné à accueillir des malades et des blessés, et il avait des médecins qui fournissaient des soins médicaux rudimentaires.

L'idée d'avoir des établissements spécifiquement dédiés à la santé et aux soins médicaux s'est progressivement développée dans différentes civilisations. En Égypte ancienne, les temples servaient souvent de lieux de soins, tandis qu'en Grèce antique, les temples d'Asclépios étaient dédiés à la guérison et aux pratiques médicales.

Cependant, le modèle d'hôpital moderne que nous connaissons aujourd'hui a évolué au fil du temps. L'un des premiers hôpitaux de ce type était l'Hôtel-Dieu de Paris, fondé en 651 par Saint Landry. Il s'agissait d'une institution caritative catholique qui fournissait des soins médicaux et abritait également des religieuses.

Au fil des siècles, d'autres hôpitaux ont été créés en Europe et dans le monde, chacun ayant ses propres motivations et méthodes de traitement. L'idée de soins hospitaliers organisés et professionnels a continué à se développer, et les hôpitaux sont devenus des institutions essentielles pour la prestation de soins médicaux, la recherche médicale et la formation de professionnels de la santé.

Qui est Considéré Comme le Père de la Médecine Moderne ?

Hippocrate, un médecin grec né vers 460 av. J.-C., est souvent appelé le « *Père de la médecine* » en raison de ses contributions révolutionnaires au domaine médical. Hippocrate est célèbre pour avoir développé une approche médicale fondée sur l'observation, la recherche systématique et l'éthique médicale.

Il a laissé un héritage durable en écrivant le célèbre serment d'Hippocrate, un code d'éthique médicale qui met en avant les principes de la bienveillance, de l'intégrité et de la confidentialité dans la pratique médicale. Ses œuvres, telles que le "*Corpus Hippocraticum*", sont considérées comme les premières tentatives de codification des connaissances médicales et de l'approche scientifique de la médecine.

Hippocrate a également contribué à débarrasser la médecine de croyances et superstitions et de pratiques irrationnelles, favorisant ainsi le développement de la médecine moderne basée sur des preuves empiriques et la recherche scientifique. Son travail a jeté les bases pour les avancées médicales futures et a profondément influencé la pratique médicale à travers les âges.

Quand et où a eu lieu la première greffe d'organe réussie ?

La première greffe d'organe réussie a eu lieu le 23 décembre 1954 à l'hôpital Brigham à Boston, aux États-Unis. Cette avancée médicale historique a été réalisée par le Dr Joseph Murray et son équipe médicale. La greffe impliquait la transplantation d'un rein provenant d'un donneur vivant, en l'occurrence le frère jumeau du patient, Richard Herrick, qui souffrait d'insuffisance rénale terminale.

Cette greffe de rein a marqué un tournant majeur dans l'histoire de la médecine et de la chirurgie. L'utilisation d'un donneur vivant étroitement apparenté, en particulier un jumeau identique, a minimisé les risques de rejet immunitaire, car les tissus étaient presque parfaitement compatibles. Le succès de cette première greffe a démontré que les transplantations d'organes étaient possibles et a ouvert la voie à de futures avancées dans le domaine de la transplantation.

Le Dr Joseph Murray a reçu le prix Nobel de physiologie ou de médecine en 1990 pour ses contributions majeures à la transplantation d'organes et son rôle dans cette première greffe réussie.

Qui a Réalisé la Première Vaccination Contre Quelles Maladies ?

La première vaccination réussie a été réalisée par Edward Jenner, un médecin britannique, en 1796. Jenner est célèbre pour avoir développé la vaccination contre la variole, une maladie virale très contagieuse qui avait causé d'innombrables décès dans le monde.

Jenner avait remarqué que les fermières laitières qui avaient contracté une maladie bénigne appelée "cowpox" (ou vaccine) semblaient être immunisées contre la variole. S'appuyant sur cette observation, il décida de mener une expérience audacieuse. Le 14 mai 1796, Jenner préleva du pus de cowpox sur une fermière du nom de Sarah Nelmes, puis l'introduisit dans le bras d'un jeune garçon nommé James Phipps. Le garçon développa une légère infection de cowpox, mais il se rétablit rapidement.

Quelques semaines plus tard, Jenner exposa James Phipps à la variole, et le garçon ne tomba pas malade. C'était la première preuve que l'inoculation de cowpox pouvait protéger contre la variole. Jenner nomma ce processus la "vaccination" en référence au terme "vaca", qui signifie "vache" en latin.

La vaccination de Jenner contre la variole a marqué le début de l'immunisation moderne. Ses travaux ont ouvert la voie à de futures avancées dans le domaine des vaccins, sauvant des millions de vies à travers le monde et contribuant à l'éradication de la variole, l'une des plus grandes réussites de la médecine.

Qui a Reçu le Premier Prix Nobel de Médecine ?

Alfred Nobel, un scientifique et industriel suédois renommé du XIXe siècle, est connu principalement pour son invention de la dynamite et d'autres avancées technologiques qui ont eu un impact significatif sur l'industrie et le monde moderne. Cependant, il est surtout connu pour son héritage durable sous la forme des prestigieux Prix Nobel. Les Prix Nobel ont été institués en 1895 dans son testament, où il a légué une partie de sa fortune considérable pour créer des prix destinés à récompenser les individus dont les réalisations ont apporté les plus grands bénéfices à l'humanité dans différents domaines.

Dans son testament, rédigé à Paris le 27 novembre 1895, Nobel a spécifié que les revenus de sa fortune devraient être utilisés pour créer des prix dans cinq domaines spécifiques : la physique, la chimie, la médecine, la littérature et la paix. L'objectif était de reconnaître et de récompenser les individus qui ont réalisé des travaux remarquables ou des découvertes majeures dans ces domaines, et dont les contributions ont eu un impact durable sur la société.

Le premier prix Nobel de médecine a été décerné en 1901, marquant le début d'une tradition prestigieuse qui perdure encore aujourd'hui. Le lauréat inaugural de ce prix prestigieux était Emil Adolf von Behring, un scientifique allemand, pour sa découverte révolutionnaire du sérum antidiphtérique et son application réussie de la théorie des sérums dans le traitement de la diphtérie. Cette avancée médicale majeure a sauvé d'innombrables vies en offrant un traitement efficace contre cette maladie infectieuse mortelle, ce qui a valu à Behring une reconnaissance mondiale et a établi le prestige et la renommée associés au prix Nobel de médecine.

Qui Était le Premier Bébé Éprouvette de l'Histoire ?

Le premier bébé éprouvette de l'histoire était Louise Brown, née le 25 juillet 1978 à Oldham, en Angleterre. Sa naissance révolutionnaire a été rendue possible grâce à la technique de la fécondation in vitro (FIV), une avancée médicale majeure.

La FIV est un processus dans lequel les œufs sont prélevés dans les ovaires d'une femme, puis fécondés en laboratoire avec le sperme d'un homme. Une fois que les embryons se sont développés pendant quelques jours, l'un d'entre eux est sélectionné pour être implanté dans l'utérus de la femme, où il peut se développer normalement.

Louise Brown est née grâce à cette technique après que sa mère, Lesley Brown, ait éprouvé des difficultés à concevoir en raison de problèmes de trompes de Fallope obstruées. Le Dr Patrick Steptoe et le Dr Robert Edwards, pionniers de la FIV, ont travaillé pendant des années pour développer cette méthode révolutionnaire.

La naissance de Louise Brown a ouvert la voie à de nombreuses autres réussites de FIV dans le monde entier. Depuis lors, des millions de bébés sont nés grâce à cette technique, offrant de nouvelles possibilités aux couples confrontés à des problèmes d'infertilité.

Quelle est l'Histoire Fascinante Derrière la Découverte des Rayons X ?

L'histoire de la découverte des rayons X est effectivement fascinante et marquée par le hasard. Elle remonte à la fin du XIXe siècle.

En 1895, Wilhelm Conrad Roentgen, un physicien allemand, menait des expériences avec des tubes à rayons cathodiques, une technologie nouvelle à l'époque. Lors de l'une de ces expériences, Roentgen a remarqué quelque chose de surprenant : un écran luminescent situé à quelques mètres du tube émetteur de rayons cathodiques s'illuminait mystérieusement. Même lorsqu'il avait couvert le tube avec du carton noir pour bloquer la lumière visible, l'écran continuait à briller. Roentgen a immédiatement réalisé qu'il avait découvert quelque chose de complètement inattendu.

Il a appelé ces rayons mystérieux "rayons X" (X pour l'inconnu) et a poursuivi ses recherches pour comprendre leur nature et leurs propriétés. Ce qu'il avait découvert, c'étaient des rayons invisibles capables de traverser les tissus mous du corps humain et de produire des images sur des plaques photographiques. Cette capacité révolutionnaire a ouvert la voie à la radiographie médicale, une avancée majeure dans le domaine de la médecine.

Dès 1896, Roentgen publiait ses découvertes et les premières radiographies médicales furent réalisées peu de temps après. La radiographie a rapidement été utilisée pour diagnostiquer des fractures osseuses, des maladies pulmonaires, et bien d'autres affections médicales. Elle a transformé la manière dont les médecins pouvaient examiner l'intérieur du corps humain sans nécessiter de procédures invasives.

La découverte des rayons X a valu à Wilhelm Conrad Roentgen le premier prix Nobel de physique en 1901. Son travail a eu un impact considérable sur la médecine et l'imagerie médicale, et les rayons X sont toujours largement utilisés dans le domaine de la santé pour diagnostiquer et traiter diverses conditions médicales.

Quand a été Développée la Première Anesthésie ?

La première utilisation réussie d'une anesthésie remonte au 16 octobre 1846, un moment crucial dans l'histoire de la médecine et de la chirurgie. C'est lors de cette date que le dentiste américain William T.G. Morton a réalisé une démonstration publique de l'anesthésie à l'hôpital général du Massachusetts, à Boston.

Avant cette période, les procédures chirurgicales étaient extrêmement douloureuses pour les patients, et la chirurgie était souvent évitée autant que possible. La douleur intense rendait la chirurgie rapide et traumatisante. Les patients pouvaient subir des amputations, des extractions dentaires et d'autres interventions majeures sans aucun soulagement de la douleur.

William Morton, cependant, avait l'idée d'utiliser un composé chimique pour engourdir la douleur des patients. Il a expérimenté avec de l'éther sulfurique, une substance qu'il avait apprise à connaître dans le cadre de son travail dentaire. Le 16 octobre 1846, il a administré de l'éther à un patient nommé Gilbert Abbott en vue d'une ablation d'une tumeur du cou. Le patient a rapporté n'avoir ressenti aucune douleur pendant la procédure.

La nouvelle de cette réussite s'est rapidement répandue, et l'anesthésie s'est rapidement imposée dans le domaine médical. En 1847, le chirurgien écossais James Young Simpson a découvert les propriétés anesthésiantes du chloroforme, une autre substance.

L'introduction de l'anesthésie a ouvert la voie à de nombreuses avancées médicales et chirurgicales, et elle est devenue une partie essentielle de la pratique médicale moderne. Elle a permis d'améliorer le confort des patients et d'élargir considérablement les possibilités de traitement médical.

Qui est la Première Femme Médecin de Renommée Mondiale ?

La première femme médecin de renommée mondiale est probablement Élisabeth Blackwell. Elle était une pionnière dans le domaine de la médecine au XIXe siècle et a ouvert la voie pour les femmes dans le domaine médical.

Élisabeth Blackwell est née en Grande-Bretagne en 1821, mais elle a émigré aux États-Unis avec sa famille à un jeune âge. Sa carrière médicale a commencé par un accident. En 1847, elle avait l'intention d'étudier la médecine en tant qu'assistante, mais les médecins qu'elle côtoyait ont été inspirés par sa passion et son intelligence. Ils l'ont encouragée à poursuivre une carrière médicale complète. Elle a été admise à l'école de médecine de l'Université de Genève, une institution qui a accepté son admission en partie comme une plaisanterie. Cependant, Élisabeth Blackwell a brillamment réussi ses études, obtenant son diplôme en 1849 et devenant ainsi la première femme à obtenir un diplôme de médecine aux États-Unis.

Sa réussite a ouvert la voie pour d'autres femmes aspirant à devenir médecins. Élisabeth Blackwell a ensuite ouvert une clinique à New York, où elle a principalement traité des femmes et des enfants. Son influence dans le domaine médical et sa détermination à briser les barrières de genre ont été des facteurs majeurs dans l'acceptation progressive des femmes en médecine. Élisabeth Blackwell reste une figure emblématique et inspirante dans l'histoire de la médecine et de l'égalité des sexes.

Comment l'ADN a-t-il été Découvert ?

L'histoire de la découverte de l'ADN remonte aux années 1860 lorsque le biologiste suisse Friedrich Miescher a isolé pour la première fois une substance qu'il appelait "nuclein" à partir des noyaux des cellules. Cependant, il ne comprenait pas la véritable nature de cette substance.

Au fil des décennies, d'autres scientifiques, dont Rosalind Franklin, Maurice Wilkins, Linus Pauling et Erwin Chargaff, ont contribué à la compréhension de la structure chimique de l'ADN. Les expériences de Franklin en diffraction des rayons X ont fourni des indices cruciaux sur la structure de l'ADN, tandis que les travaux de Chargaff ont révélé des règles importantes sur la composition des bases d'ADN.

Cependant, c'est en 1953 que James Watson et Francis Crick ont fait la percée majeure. Ils ont proposé le modèle en double hélice de l'ADN, basé en partie sur les travaux de Franklin et de Chargaff, ainsi que sur leurs propres recherches. Le modèle en double hélice suggérait que l'ADN était composé de deux brins enroulés autour l'un de l'autre, avec des paires de bases complémentaires reliant les brins (A avec T, C avec G).

Le modèle de Watson et Crick a été publié dans la revue Nature en avril 1953 et a ouvert la voie à une compréhension révolutionnaire de l'ADN en tant que porteur d'informations génétiques et de la manière dont il se réplique et contrôle le développement des organismes. Leur découverte a été récompensée par le prix Nobel de physiologie ou de médecine en 1962. La découverte de la structure de l'ADN a été un tournant majeur dans l'histoire de la biologie et a ouvert la voie à des avancées extraordinaires dans la génétique, la biologie moléculaire et la médecine moderne. Elle a également joué un rôle clé dans le développement de la biotechnologie et de la recherche sur les maladies génétiques.

Qui a Découvert les Antibiotiques et Quand ?

La découverte des antibiotiques est souvent attribuée à Alexander Fleming, un scientifique écossais, pour sa découverte de la pénicilline en 1928. Cependant, il est important de noter que d'autres chercheurs ont également contribué au développement des antibiotiques au fil des années.

Alexander Fleming a découvert la pénicilline de manière accidentelle lorsqu'il a observé que des moisissures du genre Penicillium produisaient une substance qui tuait les bactéries environnantes. Sa découverte a ouvert la voie au développement de la première classe d'antibiotiques, les antibiotiques bêta-lactamines, qui comprennent la pénicilline.

La pénicilline a été largement utilisée pour traiter les infections bactériennes et a révolutionné la médecine en rendant possible la guérison de nombreuses maladies graves qui étaient auparavant mortelles. Cependant, il a fallu plusieurs années de recherche et de développement pour produire de la pénicilline en quantités suffisantes et sous une forme stable pour un usage médical.

Au cours des décennies suivantes, de nombreux autres antibiotiques ont été découverts et développés, notamment la streptomycine, la tétracycline, le chloramphénicol et bien d'autres. Ces médicaments ont permis de traiter un large éventail d'infections bactériennes et ont sauvé d'innombrables vies.

Les découvertes d'antibiotiques ont eu un impact majeur sur la médecine moderne, mais elles ont également soulevé des préoccupations concernant la résistance aux antibiotiques due à une utilisation excessive et inappropriée de ces médicaments. La recherche continue dans le domaine des antibiotiques demeure cruciale pour faire face aux défis posés par les bactéries de plus en plus résistantes aux médicaments.

Quelles Sont les Principales Figures de la Médecine Contemporaine ?

Voici les principales figures de la médecine du XXIe siècle :

1. Dr. Anthony Fauci (né le 24 décembre 1940) : Directeur de l'Institut national des allergies et des maladies infectieuses (NIAID) aux États-Unis, il a joué un rôle majeur dans la gestion de nombreuses pandémies, y compris la pandémie de COVID-19.

2. Dr. Emmanuelle Charpentier (née le 11 décembre 1968) et Dr. Jennifer Doudna (née le 19 février 1964) : Lauréates du prix

Nobel de chimie en 2020 pour leur travail sur la technologie d'édition génomique CRISPR-Cas9, qui a révolutionné la médecine génétique.

3. Dr. James Allison (né le 7 août 1948) et Dr. Tasuku Honjo (né le 27 janvier 1942) : Lauréats du prix Nobel de physiologie ou médecine en 2018 pour leur recherche sur l'immunothérapie du cancer, qui a révolutionné le traitement du cancer en utilisant le système immunitaire du patient pour combattre la maladie.

4. Dr. Tedros Adhanom Ghebreyesus (né le 3 mars 1965) : Directeur général de l'Organisation mondiale de la santé (OMS), il a joué un rôle crucial dans la gestion de la pandémie de COVID-19 à l'échelle mondiale.

5. Dr. Ziad Memish : L'année de naissance exacte n'est pas disponible, mais il est un épidémiologiste saoudien de renommée internationale qui a été l'un des leaders dans la lutte contre les épidémies de MERS (syndrome respiratoire du Moyen-Orient) et Ebola.

6. Dr. Jennifer A. Doudna (née le 19 février 1964) et Dr. Emmanuelle Charpentier (née le 11 décembre 1968) : Lauréates du prix Nobel de chimie en 2020 pour leurs travaux sur la technologie d'édition génomique CRISPR-Cas9, qui révolutionne la médecine génétique.

7. Dr. Frances Arnold (née le 25 juillet 1956) : Chimiste américaine lauréate du prix Nobel de chimie en 2018 pour ses travaux sur l'évolution dirigée des enzymes, ouvrant de nouvelles perspectives dans la production de médicaments et la chimie verte.

8. Dr. Peter Hotez : L'année de naissance exacte n'est pas disponible, mais il est un expert en maladies tropicales négligées et a travaillé sur des vaccins abordables pour les pays en développement.

9. Dr. Paul Farmer (né le 26 octobre 1959) : Médecin et anthropologue, il a consacré sa vie à la lutte contre les maladies

infectieuses et à l'amélioration des soins de santé dans les régions défavorisées du monde.

10. Dr. Katalin Karikó : L'année de naissance exacte n'est pas disponible, mais elle est une chercheuse en biochimie et une pionnière dans le développement des vaccins à ARN messager, une technologie essentielle dans la lutte contre la COVID-19.

Ces figures marquent l'histoire de la médecine du XXIe siècle par leurs contributions exceptionnelles à la recherche médicale, aux soins de santé et à la lutte contre les maladies.

Quelle est la "Potion Magique" qui a mis fin à la Peste Bubonique ?

La "potion magique" qui a mis fin à la peste bubonique n'était pas vraiment une potion, mais plutôt un traitement médical révolutionnaire pour l'époque. Il s'agissait de l'utilisation de l'antibiotique streptomycine, qui a été découvert en 1943 par les microbiologistes Selman Waksman et Albert Schatz.

La peste bubonique, également connue sous le nom de "peste noire", a été l'une des pandémies les plus mortelles de l'histoire humaine, décimant des populations entières en Europe au XIVe siècle. Elle était causée par la bactérie Yersinia pestis, transmise par les puces des rats.

La streptomycine, lorsqu'elle a été introduite dans les années 1940, a été une avancée médicale majeure. Elle s'est avérée être le premier traitement efficace contre la peste bubonique, permettant de sauver des vies et de contrôler la propagation de la maladie. La streptomycine agit en inhibant la croissance de la bactérie Yersinia pestis, permettant ainsi au système immunitaire du patient de combattre l'infection.

Grâce à l'utilisation de la streptomycine et à d'autres antibiotiques, la peste bubonique n'est plus une menace aussi grave qu'elle l'était autrefois. Cependant, elle n'a pas été éradiquée et continue de survenir sporadiquement dans certaines régions du monde.

Quand les Premiers Médecins ont-ils Découvert que le Cerveau Était le Siège de la Pensée ?

La découverte que le cerveau était le siège de la pensée et de la cognition a été le fruit d'une longue évolution de la compréhension médicale :

- Antiquité et Grèce antique : Dans les premières civilisations, la compréhension du cerveau était limitée. Les anciens Égyptiens, par exemple, pensaient que le cœur était le siège de la pensée et des émotions, tandis que le cerveau n'était pas considéré comme particulièrement important.

- Hippocrate (vers 460-370 av. J.-C.) : Hippocrate, le père de la médecine moderne, a marqué un tournant dans la compréhension du cerveau. Bien qu'il n'ait pas identifié le cerveau comme le siège de la pensée, il a introduit l'idée que les maladies pouvaient avoir des causes naturelles plutôt que d'être attribuées à des forces surnaturelles.

- Alexandre le Grand (356-323 av. J.-C.) : Alexandre le Grand a permis la dissection du corps humain, ce qui a contribué à l'étude anatomique du cerveau.

- Galen (129-200 ap. J.-C.) : Galen, un médecin grec de l'Empire romain, a réalisé des dissections de cerveaux d'animaux et a avancé certaines idées sur le cerveau, bien qu'elles aient été souvent inexactes.

- La Renaissance : Pendant cette période, l'anatomie du cerveau a fait l'objet de recherches plus approfondies. Le médecin vésale Andreas Vesalius et le philosophe René Descartes ont tous deux contribué à notre compréhension du cerveau et de la pensée.

- XIXe siècle : La compréhension moderne du cerveau a vraiment décollé au XIXe siècle avec des avancées dans les domaines de la neuroanatomie et de la physiologie. Les travaux de chercheurs tels que Paul Broca (qui a identifié une région du cerveau liée au langage) et Gustav Fritsch et Eduard Hitzig (qui ont découvert que certaines régions du cerveau contrôlaient les mouvements) ont été fondamentaux.

- XXe siècle : Le XXe siècle a vu l'avènement de techniques telles que l'imagerie cérébrale par scanner et l'électroencéphalographie (EEG), qui ont permis d'étudier le cerveau en action. Les neurosciences sont devenues une discipline à part entière, et des chercheurs tels que Wilder Penfield ont réalisé des avancées majeures dans la compréhension de la manière dont le cerveau fonctionne.

Ainsi, la découverte que le cerveau est le siège de la pensée est le résultat d'une évolution progressive de la compréhension médicale, avec de nombreuses figures historiques et découvertes importantes tout au long de l'histoire de la médecine.

Qui a Fondé l'OMS ?

L'idée de créer une organisation internationale de la santé remonte aux premières décennies du XXe siècle. En 1919, la Société des Nations, prédécesseur des Nations unies, a créé le Bureau International d'Hygiène Publique, qui était une première tentative de coordination des efforts de santé internationale. Cependant, cette initiative a été limitée dans ses capacités et n'a pas réussi à atteindre ses objectifs à grande échelle.

Après la Seconde Guerre mondiale, la nécessité d'une organisation de santé internationale est devenue encore plus pressante. Les ravages causés par la guerre, les maladies infectieuses et les préoccupations croissantes concernant la santé publique ont incité les dirigeants mondiaux à agir. En 1945, lors de la Conférence de San Francisco qui a abouti à la création de l'Organisation des Nations unies (ONU), la question de la santé publique mondiale a été abordée. En conséquence, l'OMS a été officiellement créée en tant qu'agence spécialisée de l'ONU le 7 avril 1948.

L'homme qui est largement considéré comme le fondateur de l'OMS est le Dr Brock Chisholm, un psychiatre Canadien. En tant que premier directeur général de l'OMS, Chisholm a joué un rôle crucial dans la mise en place et le développement de l'organisation. Il a été élu à ce poste lors de la première Assemblée mondiale de la santé de l'OMS en 1948.

Chisholm avait une vision ambitieuse pour l'OMS. Il croyait fermement que la santé était un droit fondamental de chaque être humain et qu'elle devait être considérée comme une priorité mondiale. Sous sa direction, l'OMS s'est efforcée de promouvoir la santé pour tous, en mettant l'accent sur la prévention des maladies, l'amélioration des soins de santé primaires et la lutte contre les épidémies mondiales.

Outre Chisholm, d'autres figures clés ont contribué à la fondation de l'OMS. Parmi elles figurent des dirigeants politiques, des experts en santé publique et des représentants de divers pays membres des Nations unies. Ensemble, ils ont travaillé à élaborer la Constitution de l'OMS, qui énonce les objectifs et les principes fondamentaux de l'organisation.

Depuis sa création, l'OMS a joué un rôle crucial dans la promotion de la santé publique mondiale. Elle a mené des campagnes de vaccination, coordonné la réponse aux pandémies, mené des recherches sur les maladies et les facteurs de risque, et fourni une assistance technique aux pays du monde entier. Son siège est situé à Genève, en Suisse, où elle continue de diriger les efforts mondiaux visant à améliorer la santé et le bien-être de tous les peuples.

Qui a Effectué la Première Greffe de Cœur en France

La première greffe de cœur en France a été réalisée par le chirurgien français Christian Cabrol. Cette intervention historique a eu lieu le 27 avril 1968 à l'Hôpital de la Pitié-Salpêtrière à Paris. Christian Cabrol a effectué la greffe de cœur sur un patient de 66 ans nommé Clovis Roblain. Malheureusement, le patient n'a survécu que 53 heures après la greffe en raison de complications médicales.

La greffe de cœur de Christian Cabrol a marqué un moment décisif dans l'histoire de la médecine en France et dans le monde entier, car elle a ouvert la voie à de nombreuses avancées dans le domaine de la transplantation cardiaque. Cette première tentative a contribué à la recherche et au développement de meilleures techniques chirurgicales et de médicaments immunosuppresseurs pour améliorer les taux de réussite des greffes cardiaques.

Par la suite, d'autres chirurgiens français et internationaux ont continué à travailler sur les greffes cardiaques, améliorant les procédures et les soins post-opératoires, ce qui a permis d'accroître le succès de cette intervention chirurgicale complexe. La transplantation cardiaque est aujourd'hui une procédure relativement courante pour le traitement de l'insuffisance cardiaque grave, sauvant ainsi de nombreuses vies à travers le monde.

Qui est le Médecin Français le Plus Célèbre ?

Il est difficile de désigner un seul médecin français comme le plus célèbre, car la France a produit de nombreux médecins éminents au fil des siècles, chacun ayant contribué à sa manière à la médecine et à la recherche médicale. Cependant, plusieurs médecins français ont acquis une renommée internationale pour leurs contributions exceptionnelles à la médecine. En voici quelques-uns :

1. Louis Pasteur (1822-1895) : Pasteur est probablement l'un des médecins et des scientifiques français les plus célèbres de tous les temps. Il est principalement connu pour ses travaux révolutionnaires en microbiologie, notamment pour la découverte des vaccins contre la rage et l'anthrax, ainsi que pour le développement de la pasteurisation pour la conservation des aliments.

2. René Laennec (1781-1826) : Laennec est le père de l'auscultation médiate et a inventé le stéthoscope en 1816, ce qui a révolutionné le diagnostic médical et la compréhension des maladies cardiaques et pulmonaires.

3. Paul Broca (1824-1880) : Broca était un neurologue et anthropologue français célèbre pour ses recherches sur la localisation des fonctions cérébrales. Il a identifié la zone du cerveau maintenant connue sous le nom d'aire de Broca, qui est associée à la production du langage.

Chacun de ces médecins a laissé une marque indélébile dans l'histoire de la médecine, et leur travail a eu un impact significatif sur la santé et la science médicale. Cependant, il existe de nombreux autres médecins français remarquables qui ont contribué à l'avancement de la médecine dans divers domaines.

Qui a Fondé l'INSERM ?

L'Institut National de la Santé et de la Recherche Médicale (INSERM) en France a été créé en 1964 sous la direction de Jean Bernard, qui en est devenu le premier directeur général. Son objectif était de promouvoir la recherche médicale et la recherche biomédicale en France en finançant et en soutenant des projets de recherche dans le domaine de la santé.

L'INSERM est devenu un acteur majeur de la recherche médicale en France et a contribué de manière significative à de nombreuses avancées scientifiques et médicales dans des domaines tels que la biologie moléculaire, l'épidémiologie, la génétique, la pharmacologie et d'autres disciplines liées à la santé.

Jean Bernard lui-même était un scientifique éminent dans le domaine de l'immunologie et a fait des contributions importantes à la compréhension de la réponse immunitaire du corps. Son leadership a été essentiel pour établir et développer l'INSERM en tant qu'institution de recherche médicale de renommée internationale.

Aujourd'hui, l'INSERM est l'un des principaux organismes de recherche en France, axé sur la recherche biomédicale et la santé publique, et il continue de jouer un rôle crucial dans la promotion de la recherche médicale et dans la lutte contre les maladies.

Qui a Découvert les Microbes ?

La découverte des microbes a été le résultat d'un effort collectif au fil du temps, impliquant de nombreux scientifiques et chercheurs. Voici un aperçu des principaux contributeurs et des moments clés de cette découverte :

1. Antoine van Leeuwenhoek (1632-1723) : Ce scientifique néerlandais est souvent crédité comme l'un des premiers à avoir observé les microbes. En utilisant un microscope rudimentaire qu'il avait conçu lui-même, Leeuwenhoek a examiné des échantillons d'eau, de salive et de matières fécales, découvrant ainsi des micro-organismes qu'il a appelés "animalcules".

2. Louis Pasteur (1822-1895) : Pasteur, un chimiste et microbiologiste français, a fait d'importantes avancées dans la compréhension des microbes et de la fermentation. Ses expériences sur la pasteurisation, qui consistait à chauffer des

liquides pour tuer les micro-organismes, ont démontré que la vie microbienne était responsable de nombreuses maladies et altérations alimentaires.

3. Robert Koch (1843-1910) : Koch, un médecin allemand, est considéré comme le pionnier de la microbiologie médicale. Il a développé des techniques pour cultiver des bactéries en laboratoire, identifiant ainsi les bactéries responsables de la tuberculose et du choléra. Sa méthode, connue sous le nom de "postulats de Koch", a établi des critères pour lier spécifiquement un microbe à une maladie.

4. Joseph Lister (1827-1912) : Lister, un chirurgien britannique, est célèbre pour avoir introduit l'antisepsie en chirurgie. Il a utilisé des antiseptiques pour tuer les bactéries dans les salles d'opération, réduisant ainsi considérablement les infections postopératoires.

5. Paul Ehrlich (1854-1915) : Ce scientifique allemand a développé la coloration des cellules pour mieux les étudier sous le microscope, ce qui a ouvert la voie à la microbiologie moderne. Il a également introduit le concept de "magie balles" chimiques pour cibler spécifiquement les microbes pathogènes, jetant ainsi les bases de la chimiothérapie.

6. Alexander Fleming (1881-1955) : Fleming, un biologiste et pharmacologiste écossais, est célèbre pour avoir découvert la pénicilline en 1928. Cette découverte a ouvert la voie à l'ère des antibiotiques et a révolutionné le traitement des infections bactériennes.

7. Carl Woese (1928-2012) : Woese, un microbiologiste américain, a apporté des contributions cruciales à la compréhension de la classification des micro-organismes. Il a proposé la création d'un troisième domaine de la vie, les archées, en plus des bactéries et des eucaryotes.

En résumé, la découverte des microbes est le résultat de nombreuses avancées scientifiques tout au long de l'histoire. Ces chercheurs ont jeté les bases de la microbiologie moderne, transformant notre compréhension des micro-organismes et de leur rôle dans la santé et la maladie.

En conclusion, ce chapitre a exploré 20 questions clés de l'histoire de la médecine, offrant un aperçu fascinant de son évolution. De l'origine du terme "médecine" aux premières greffes d'organes et à la création des premiers hôpitaux, chaque question nous plonge dans les rouages de cette discipline. Nous avons ainsi compris comment ces moments ont influencé la pratique médicale moderne, soulignant l'importance de l'innovation et de la collaboration dans l'amélioration de la santé humaine.

Conclusion

L'Importance de la Recherche Médicale et de l'Innovation

Au terme de ce voyage à travers l'histoire de la médecine, il est essentiel de souligner l'importance continue de la recherche médicale et de l'innovation pour l'avenir de la santé humaine. Nous avons exploré les avancées médicales qui ont façonné le monde tel que nous le connaissons aujourd'hui, des pratiques médicales préhistoriques aux percées révolutionnaires du XXIe siècle. Cependant, ce n'est pas une histoire close, mais plutôt un chapitre en cours d'écriture, avec des défis et des opportunités à l'horizon.

La Quête Infinie de la Connaissance

La recherche médicale est une quête infinie de la connaissance. Les scientifiques et les chercheurs du monde entier poursuivent sans relâche de nouvelles découvertes pour mieux comprendre le corps humain, les maladies et les moyens de les prévenir, de les diagnostiquer et de les traiter. Cette recherche est essentielle pour améliorer constamment les soins de santé, repousser les limites de la médecine et améliorer la qualité de vie des individus.

L'Innovation en Médecine

L'innovation joue un rôle clé dans l'amélioration des soins de santé. Les progrès technologiques, tels que l'imagerie médicale de pointe, les traitements personnalisés et la télémédecine, transforment la manière dont les patients reçoivent des soins. L'utilisation de l'intelligence artificielle et de l'apprentissage automatique ouvre de nouvelles perspectives pour la recherche médicale, notamment dans le domaine de la génomique, de la médecine de précision et de la découverte de médicaments.

La Lutte Contre les Maladies Mondiales

L'importance de la recherche médicale est particulièrement évidente lorsqu'il s'agit de lutter contre les maladies mondiales. Des pandémies telles que la COVID-19 mettent en lumière la nécessité de la recherche pour comprendre, prévenir et traiter rapidement de nouvelles menaces pour la santé. Les scientifiques du monde entier ont collaboré pour développer des vaccins en un temps record, démontrant la puissance de la recherche collaborative et de l'innovation.

L'Évolution des Soins de Santé

L'évolution des soins de santé est un processus continu. Les avancées technologiques et les découvertes scientifiques transforment la façon dont les patients reçoivent des soins. La médecine de précision, qui repose sur la compréhension des caractéristiques génétiques individuelles, permet des traitements plus efficaces et moins invasifs. De même, l'intégration de la télémédecine élargit l'accès aux soins de santé, en particulier dans les régions éloignées ou mal desservies.

La Recherche en Santé Mentale

La recherche en santé mentale est devenue de plus en plus cruciale à mesure que la société reconnaît l'importance de la santé mentale. Les troubles mentaux, tels que la dépression, l'anxiété et les troubles bipolaires, ont un impact significatif sur la qualité de vie de millions de personnes. La recherche vise à comprendre les causes sous-jacentes de ces troubles, à développer de nouveaux traitements et à réduire la stigmatisation entourant la santé mentale.

L'Éthique en Recherche Médicale

L'éthique joue un rôle central dans la recherche médicale et l'innovation. Les chercheurs doivent respecter des normes élevées en matière de consentement éclairé, de protection de la vie privée et de l'utilisation responsable des données. Les débats éthiques entourent également des sujets tels que la modification génétique, la recherche sur les cellules souches et les essais cliniques. Il est essentiel de maintenir une réflexion éthique rigoureuse à mesure que la recherche progresse.

L'Accessibilité aux Soins de Santé

L'accessibilité aux soins de santé est un défi majeur dans de nombreuses régions du monde. La recherche médicale peut contribuer à résoudre ce problème en développant des solutions plus abordables et accessibles, notamment des traitements moins coûteux et des technologies de santé mobiles. L'équité en matière de soins de santé est un objectif crucial pour garantir que tous les individus, quelle que soit leur origine, aient accès aux meilleurs soins possibles.

L'Éducation Médicale et la Formation

La formation médicale et la formation continue des professionnels de la santé sont des composantes essentielles de l'avenir des soins de santé. Les médecins, les infirmières, les chercheurs et d'autres professionnels doivent être constamment à jour sur les dernières avancées médicales et les meilleures pratiques. L'éducation médicale évolue pour inclure des éléments de médecine intégrative et des compétences en communication pour une meilleure interaction avec les patients.

La recherche médicale et l'innovation sont des entreprises mondiales. La collaboration entre les scientifiques, les chercheurs et les institutions de recherche du monde entier est essentielle pour relever les défis mondiaux de la santé, tels que les pandémies, les maladies infectieuses émergentes et les maladies chroniques. La recherche collaborative permet de combiner des ressources et des compétences pour des résultats plus rapides et plus efficaces.

En conclusion, l'avenir de la recherche médicale et de l'innovation s'annonce prometteur. La quête constante de la connaissance, l'innovation technologique et la collaboration mondiale continueront de transformer les soins de santé et d'améliorer la qualité de vie des individus. Alors que nous continuons d'écrire l'histoire de la médecine, nous devons rester engagés envers l'éthique, l'équité et l'accessibilité pour que tous puissent bénéficier des avancées médicales. La recherche médicale et l'innovation demeurent la clé pour résoudre les défis de la santé et pour ouvrir la voie à un avenir plus sain et plus prometteur pour tous.

Le Rôle de la Médecine dans l'Amélioration de la Qualité de Vie Humaine

Au terme de notre voyage à travers les époques et les avancées médicales, il est essentiel de revenir à une question fondamentale : quel est le rôle de la médecine dans l'amélioration de la qualité de vie humaine ? Notre exploration de l'histoire de la médecine a montré que cette discipline a joué un rôle central dans l'amélioration de la santé et du bien-être de l'humanité.

La Guérison des Maladies

L'une des fonctions primordiales de la médecine est de guérir les maladies. Au fil de l'histoire, les avancées médicales ont permis de développer des traitements efficaces pour un large éventail de maladies, allant des infections bactériennes aux maladies chroniques telles que le diabète et les maladies cardiaques. Ces progrès ont permis d'améliorer la qualité de vie en éliminant ou en atténuant les souffrances liées aux maladies.

L'Allongement de la Durée de Vie

La médecine a également joué un rôle majeur dans l'allongement de la durée de vie humaine. Grâce à la prévention, au dépistage précoce et aux traitements, les gens vivent aujourd'hui beaucoup plus longtemps qu'auparavant. L'espérance de vie a considérablement augmenté, permettant aux individus de profiter de davantage d'années en bonne santé et de passer du temps avec leurs proches.

La Réduction de la Mortalité Infantile

Un domaine où la médecine a eu un impact spectaculaire est la réduction de la mortalité infantile. Grâce à la vaccination, à l'amélioration de l'hygiène, et à des soins médicaux de meilleure qualité, le taux de mortalité des nourrissons et des jeunes enfants a considérablement diminué. Cela signifie que davantage d'enfants survivent et peuvent grandir en bonne santé.

La Prévention des Maladies

La médecine ne se limite pas à guérir des maladies ; elle joue également un rôle essentiel dans leur prévention. Les campagnes de vaccination, les programmes de dépistage, les recommandations en matière de mode de vie sain et l'éducation à la santé contribuent à réduire le risque de maladies. En aidant les individus à adopter des habitudes de vie plus saines, la médecine contribue à prévenir un large éventail de problèmes de santé.

La Gestion des Maladies Chroniques

Les maladies chroniques, telles que le diabète, l'hypertension artérielle et l'asthme, peuvent avoir un impact significatif sur la qualité de vie. La médecine moderne offre des moyens de gérer efficacement ces conditions, permettant aux patients de vivre une vie productive et épanouissante malgré leur maladie. La gestion des symptômes et des traitements adaptés améliore la qualité de vie des personnes atteintes de maladies chroniques.

L'Amélioration des Soins Palliatifs

Les soins palliatifs sont une autre facette importante de la médecine moderne. Ils visent à soulager la douleur et la souffrance des patients en phase terminale de maladie. En offrant un soutien médical et émotionnel, les soins palliatifs permettent aux patients de vivre leurs derniers jours avec dignité et confort.

La Santé Mentale et le Bien-Être Émotionnel

La médecine ne se limite pas à la santé physique, elle comprend également la santé mentale et le bien-être émotionnel. Les troubles mentaux, tels que la dépression et l'anxiété, peuvent avoir un impact majeur sur la qualité de vie. La médecine moderne propose une gamme de traitements et de thérapies pour aider les individus à surmonter ces défis et à améliorer leur bien-être mental.

La Technologie au Service de la Médecine

L'avènement de la technologie a également révolutionné la médecine. L'imagerie médicale avancée, la robotique chirurgicale, les progrès en matière de traitement du cancer, et bien d'autres innovations ont permis d'améliorer les résultats des patients et de réduire les effets secondaires des traitements.

La Médecine Personnalisée

L'une des avancées les plus prometteuses de ces dernières années est la médecine personnalisée. Cette approche prend en compte les caractéristiques génétiques individuelles pour personnaliser les traitements et les interventions médicales. Cela signifie des traitements plus efficaces avec moins d'effets secondaires, offrant ainsi une meilleure qualité de vie aux patients.

L'Éducation et l'Accès aux Soins de Santé

L'éducation médicale et l'accès aux soins de santé jouent également un rôle essentiel dans l'amélioration de la qualité de vie. Les professionnels de la santé formés et compétents peuvent offrir des soins de meilleure qualité, tandis que l'accessibilité aux services de santé garantit que tout le monde, quel que soit son statut socio-économique, peut bénéficier de soins de santé de qualité.

L'Équité en Matière de Santé

Enfin, l'équité en matière de santé est un objectif crucial. La médecine doit veiller à ce que tous les individus, quelle que soit leur origine ethnique, leur sexe, leur âge ou leur lieu de résidence, aient un accès égal aux meilleurs soins possibles. La disparité en matière de santé doit être réduite pour garantir que tous puissent profiter des bienfaits de la médecine.

En conclusion, le rôle de la médecine dans l'amélioration de la qualité de vie humaine est inestimable. Des avancées constantes dans la guérison, la prévention, la gestion des maladies et l'amélioration du bien-être mental contribuent à faire de notre monde un endroit plus sain et plus épanouissant. Alors que nous nous tournons vers l'avenir, il est impératif de continuer à soutenir la recherche médicale, l'innovation et l'éducation pour que l'infini potentiel de la médecine puisse continuer à être exploité au bénéfice de l'humanité tout entière. La médecine, avec sa capacité à guérir, à prévenir et à améliorer, a le pouvoir de transformer nos vies de manière positive, et c'est une mission qui perdurera à travers les générations à venir.

Les Défis et ls Opportunités Futures pour la Médecine

La médecine, bien que remarquablement avancée, est confrontée à un ensemble complexe de défis et d'opportunités qui façonneront son évolution dans les années à venir.

Les Défis de la Complexité Médicale

L'une des premiers défis auxquels la médecine est confrontée est la complexité croissante des problèmes médicaux. Les maladies chroniques, les maladies rares et les conditions multifactorielles nécessitent des approches de plus en plus individualisées. La médecine personnalisée, qui prend en compte les caractéristiques génétiques et environnementales de chaque patient, est une réponse prometteuse à cette complexité. Cependant, elle exige des avancées technologiques et une coordination accrue entre les professionnels de la santé.

Les Enjeux de la Démographie et du Vieillissement

La démographie mondiale évolue rapidement avec une population vieillissante. Cela entraîne des besoins de santé spécifiques liés au vieillissement, tels que les maladies neurodégénératives et les problèmes de mobilité. La médecine gériatrique et la recherche sur le vieillissement sont en croissance pour répondre à ces besoins. En même temps, il faut repenser les systèmes de santé pour garantir une prise en charge efficace et respectueuse des personnes âgées.

Les Impacts du Changement Climatique et des Épidémies

Le changement climatique a des conséquences profondes sur la santé humaine, avec des phénomènes météorologiques extrêmes, la propagation de maladies vectorielles et la sécurité alimentaire en jeu. La médecine environnementale émerge pour comprendre et atténuer ces impacts. De plus, la menace constante d'épidémies, comme celle de la COVID-19, met en évidence la nécessité de systèmes de santé résilients, de vaccins et de préparation aux crises sanitaires.

Les Inégalités en Matière de Santé

Les inégalités en matière de santé persistent dans de nombreuses régions du monde. L'accès aux soins de santé, les déterminants sociaux de la santé et les disparités en matière de maladies sont des préoccupations majeures. La médecine doit jouer un rôle actif dans la réduction de ces inégalités, en veillant à ce que tous aient un accès égal à des soins de qualité. Cela implique souvent de repenser les politiques de santé et les systèmes de financement.

La Révolution Technologique

Les avancées technologiques, telles que l'intelligence artificielle, la télémédecine et la médecine de précision, sont en train de révolutionner la médecine. Ces innovations offrent la possibilité de diagnostiquer, de traiter et de surveiller les patients de manière plus efficace. Cependant, elles soulèvent également des questions éthiques et de confidentialité des données, ainsi que des défis en matière de réglementation et d'accessibilité.

La Médecine Intégrative

La médecine intégrative, qui combine les approches traditionnelles et complémentaires à la médecine conventionnelle, gagne en popularité. Elle offre des options de traitement plus diversifiées et une approche globale de la santé. Cependant, des controverses subsistent quant à l'efficacité de certaines thérapies complémentaires, ce qui soulève des questions sur la réglementation et la sécurité des patients.

La Prévention et le Mode de Vie

La prévention des maladies continue d'être un axe essentiel de la médecine. Éduquer les individus sur les habitudes de vie saines, promouvoir une alimentation équilibrée et l'exercice physique, ainsi que décourager les comportements à risque sont autant de défis à relever. La médecine préventive et la santé publique jouent un rôle crucial dans la réduction du fardeau des maladies évitables.

La Recherche Médicale et l'Innovation

La recherche médicale est au cœur de l'avenir de la médecine. Elle doit être soutenue et financée de manière adéquate pour stimuler les découvertes médicales. Les collaborations internationales et interdisciplinaires seront essentielles pour résoudre les problèmes de santé complexes. De plus, l'innovation dans les domaines de la pharmacologie, de la biotechnologie et des dispositifs médicaux ouvre la voie à de nouvelles thérapies et à de meilleurs résultats pour les patients.

L'Éthique et les Valeurs Médicales

La médecine est guidée par des valeurs éthiques fondamentales, telles que la bienveillance, l'autonomie des patients et la justice. Il est essentiel de préserver ces valeurs tout en relevant les défis éthiques posés par les nouvelles technologies, la génomique, la médecine de précision et la médecine intégrative. L'éthique médicale continuera d'évoluer pour s'adapter aux avancées médicales.

La Collaboration Internationale

Enfin, la collaboration internationale sera cruciale pour relever les défis mondiaux de la santé. Les menaces émergentes pour la santé, telles que les pandémies et les maladies infectieuses, ne connaissent pas de frontières. Les efforts mondiaux de recherche, de surveillance et de réponse sont essentiels pour protéger la santé de la population mondiale.

En conclusion, la médecine est confrontée à un avenir à la fois prometteur et complexe. Les défis sont nombreux, mais les opportunités d'amélioration de la santé humaine sont également considérables. L'innovation, la recherche, l'éthique et la collaboration seront les piliers de l'avenir de la médecine. En restant engagés envers ces principes, la médecine continuera de jouer un rôle central dans l'amélioration de la qualité de vie humaine, contribuant ainsi à un avenir plus sain et plus épanouissant pour tous. L'histoire de la médecine, riche en découvertes et en progrès, se poursuivra avec passion et dévouement pour le bien-être de l'humanité tout entière.

Références

Voici une liste de 30 références qui couvrent une variété de de périodes de l'histoire de la médecine :

1. "Histoire de la médecine" par Jacalyn Duffin

2. "Une histoire de la médecine" par Lois N. Magner

3. "Médecine dans l'Antiquité" par Vivian Nutton

4. "Médecine et médecins dans l'Antiquité grecque" par Owsei Temkin

5. "Médecine égyptienne antique" par John F. Nunn

6. "Médecine et société dans la Chine impériale" par Paul U. Unschuld

7. "Hippocrate, médecin des gens" par Jacques Jouanna

8. "La médecine à Rome" par Hyacinthe Lebret

9. "L'âge d'or de la médecine islamique" par Peter E. Pormann et Emilie Savage-Smith

10. "Médecine médiévale en Europe" par Faith Wallis

11. "La peste noire : L'histoire d'une pandémie" par William H. McNeill

12. "L'émergence de la profession médicale : La médecine dans la société européenne moderne" par Andrew Wear

13. "L'anatomie humaine au cours des siècles" par Jean-Pierre Bouchard

14. "La chirurgie dans l'Antiquité" par Samir A. Khalil

15. "La naissance de la médecine clinique" par Michael Bliss

Voici aussi une liste de 30 références en ligne :

1. National Library of Medicine (NLM) - History of Medicine Division : https://www.nlm.nih.gov/hmd/index.html

2. Wellcome Collection - Medicine Man : https://wellcomecollection.org/works

3. The College of Physicians of Philadelphia - Mütter Museum : https://www.collegeofphysicians.org/mutter-museum/

4. British Library - Medicine : https://www.bl.uk/subjects/medicine

5. National Museum of American History - Medicine : https://americanhistory.si.edu/collections/object-groups/medicine

6. World Health Organization (WHO) - History of Medicine : https://www.who.int/about/history/en/

7. The Galileo Project - Medicine : http://galileo.rice.edu/sci/medicine.html

8. Stanford Medicine - Lane Medical Library : https://lane.stanford.edu/

9. The History of Medicine in Context - University of Exeter : https://projects.exeter.ac.uk/medhist/

10. National Museum of Health and Medicine : https://www.medicalmuseum.mil/

11. History of Medicine - U.S. National Library of Medicine : https://www.nlm.nih.gov/hmd/med_history/

12. The Journal of the History of Medicine and Allied Sciences : https://academic.oup.com/jhmas

13. The British Society for the History of Medicine :
https://www.bshm.org/

14. The History of Medicine Society - University of Oxford :
https://www.histmed.ox.ac.uk/

15. The Journal of Medical Biography :
https://journals.sagepub.com/home/jmb

16. The Center for the History of Medicine - Harvard Medical School :
https://cms.www.countway.harvard.edu/wp/

17. The Medical Historical Library - Yale University :
https://library.medicine.yale.edu/historical

18. American Association for the History of Medicine :
https://histmed.org/

19. History of Medicine Collections - Duke University :
https://archives.mc.duke.edu/history-of-medicine-collections

20. Digital Public Library of America (DPLA) - Medicine :
https://dp.la/subject/medicine

21. U.S. National Library of Medicine Digital Collections :
https://collections.nlm.nih.gov/

22. The New England Journal of Medicine - History of Medicine : https://www.nejm.org/history-of-medicine

23. The Osler Library of the History of Medicine - McGill University :
https://www.mcgill.ca/library/branches/osler-library-history-medicine

24. Wellcome Images - Medical History :
https://wellcomecollection.org/works

25. Museum of the History of Science - University of Oxford : https://www.mhs.ox.ac.uk/

26. Medical History Museum - University of Melbourne : https://mdhs.unimelb.edu.au/engage/museum/about

27. Medical Heritage Library : https://www.medicalheritage.org/

28. The Science Museum - Medicine : https://www.sciencemuseum.org.uk/see-and-do/medicine

29. Virtual Museum of Modern Nigerian Medicine : https://www.medicalmuseumnigeria.org/

30. National Library of Medicine - Digital Manuscripts Program : https://www.nlm.nih.gov/hmd/manuscripts/index.html